岷江上游水资源生态规划模型构建及优化配置

赵 兵 著

科学出版社

北 京

内 容 简 介

本书开展岷江上游流域水资源生态规划研究,通过对岷江上游流域社会经济发展和适应环境条件进行探析,阐述流域水资源与生态规划相关理论,对岷江上游流域地区水资源和生态需水进行探究,讨论岷江上游流域生态需水及阈值,评价梳理基于指标体系评价法的水资源承载力,构建岷江上游流域地区生态规划模型,研究岷江上游流域实行最严格水资源管理制度需要的支撑条件和技术体系,探索岷江上游流域水资源的优化配置方法,形成岷江上游流域生态综合规划的干预思路,总结岷江上游流域水资源规划的响应措施及合理配置模式。

本书可供水资源管理学、资源环境学、生态规划学、城乡规划学、产业经济学等学科研究者及高校相关专业师生参考,也可以作为水利部门、自然资源部门、环境保护部门、城乡规划部门、经济管理部门、住房城建部门的管理者和决策者以及相关领域研究人员的参考用书。

审图号:川 S[2023]00040 号

图书在版编目(CIP)数据

岷江上游水资源生态规划模型构建及优化配置 / 赵兵著. —北京:科学出版社,2024.3
ISBN 978-7-03-075957-3

Ⅰ.①岷… Ⅱ.①赵… Ⅲ.①岷江–上游–水资源–生态规划–研究 Ⅳ.①TV213.2

中国国家版本馆 CIP 数据核字(2023)第 122348 号

责任编辑:郑述方 / 责任校对:彭 映
责任印制:罗 科 / 封面设计:墨创文化

科学出版社 出版
北京东黄城根北街16 号
邮政编码:100717
http://www.sciencep.com

成都锦瑞印刷有限责任公司 印刷
科学出版社发行 各地新华书店经销

*

2024 年 3 月第 一 版 开本:787×1092 1/16
2024 年 3 月第一次印刷 印张:12 1/4
字数:296 000

定价:128.00 元
(如有印装质量问题,我社负责调换)

作 者 简 介

赵兵，博士，教授，博士生导师，国家民委教学名师，西南民族大学建筑学院院长，西南民族大学中国少数民族区域规划与区域经济博士生导师和民族学博士后流动站导师。兼任中国城市规划学会理事会理事、中国民族建筑研究会副会长、中国城市规划学会山地城乡规划学术分委会委员、中国城市经济学科建设委员会副主任委员、全国传统村落评审技术审查专家委员会委员、四川省建筑类教育指导委员会副主任委员、四川省住房和城乡建设厅城乡规划技术评审专家、四川省普通本科高等学校课程思政教学指导委员会委员、中国自然资源学会国土空间规划研究专业委员会委员等多个学术组织的工作。

主持并完成国家社科基金重点项目"藏羌彝走廊地带民族传统村落保护与利用研究"、国家社科基金重大招标项目子课题三项和年度项目一项，主持四川省科技支撑项目、四川省科技攻关项目、四川省软科学面上项目、四川省社科规划项目、住房和城乡建设部委托项目和省市（州）政府委托项目等城乡规划设计类项目53项，公开出版城乡规划类相关学术专著《岷江上游生态足迹分析与人居环境优化研究》《基于产业视角的流域生态规划研究》等6本，发表规划类论文47篇，其中核心期刊24篇。主持项目获得国家民委人文社科优秀成果二等奖、四川省科技进步三等奖和全国民族院校教学成果三等奖，主研项目成果获得四川省第十八次社会科学优秀成果二等奖、国家民委社科调研成果二等奖和重庆市教学成果一等奖。

作为专业负责人，先后主持申报西南民族大学城乡规划专业获得四川省卓越工程师项目支持和国家一流专业建设支持，主持四川省高等教育人才培养和教学改革重大项目，主持城乡规划专业教师团队获得四川省课程思政示范团队支持，主持城乡规划专业教改重点项目获得国家民委和四川省教育厅教改重点项目立项，主持城乡规划教学团队获得第二批四川省虚拟教研室建设试点立项，主讲专业课程分别获得四川省首批一流本科课程、四川省课程思政示范课程、四川省精品资源共享课和四川省委组织部好课程支持，参加十余项省部级城乡规划标准的编制与修订，致力于西南地区传统村落的保护模式和川西民族地区的村镇规划设计、产业布局与流域地区资源承载等方面的研究。电子邮箱：zhaobin_swun@sina.com。

序

　　建设长江经济带是我国迈向社会主义现代化新征程的重大战略部署，党和国家高度重视。七年来，习近平总书记先后来到分别位于长江上游、中游和下游的城市——重庆、武汉、南昌和南京，四次召开座谈会聚焦长江经济带发展，发表了系列重要讲话。习近平总书记始终心系长江经济带绿色发展，站在历史和全局的高度，从中华民族长远利益出发，强调当前和今后相当长一个时期，要把修复长江生态环境摆在压倒性位置，共抓大保护，不搞大开发。

　　推动长江经济带绿色发展，归根结底是要造福人民，实现人与自然和谐共生永续发展，尤其是要实现长江上游地区的可持续发展和共同富裕。要认真领会、坚决贯彻落实习近平总书记重要指示精神，始终胸怀"国之大者"，进一步增强抓好生态环境保护的政治觉悟，不断强化"上游意识"。"共筑长江上游生态屏障"已经明确写进了中共中央、国务院印发的《成渝地区双城经济圈建设规划纲要》中。要"共筑长江上游生态屏障"，就要牢记习近平总书记"在推进长江经济带绿色发展中发挥示范作用，要持续筑牢长江上游重要生态屏障"的教导，勇担"上游责任"，着力推动生态共建共保、加强污染跨界协同治理、探索绿色转型发展新路径，做出"上游贡献"！

　　岷江是长江上游重要的支流，其上游地区位于青藏高原东缘的高山峡谷地带，既是长江上游生态屏障的重要组成部分，又是成都平原的重要水源生命线。这里还是著名的旅游资源和人文历史景观富集的黄金生态旅游走廊，同时也是世界级自然遗产地、中国珍稀动物保护区及以汉族、羌族与藏族为主体的民族共同体所在地区。作为长江上游生态屏障建设的重点地区和四川经济发展的重要地区，岷江上游流域的水资源利用和保护状况对四川大部分地区及长江流域的经济社会生态安全都具有重要意义。

　　西南民族大学建筑学院赵兵教授在其所主持完成的国家级及省部级等多个纵向、横向课题基础上，经过十多年的实地踏勘、调查分析、团队合作，与四川大学、重庆大学、四川省国土空间规划研究院、四川省城乡建设研究院等知名高校和科研院所联合开展技术攻关，较为系统地开展了川西高原地区所在的流域生态和城镇建设相关研究，提出了若干具有实用性和可操作性的模型计算方法、评价方法及新的研究思路等，该书正是对这些研究成果的部分总结和思考。书中关于水资源承载基础下的岷江上游流域生态规划研究，"以水定城、以水定地、以水定人、以水定产"的重要观点，实行最严格的水资源管理制度，建设节水型社会等论述，对长江上游流域的保护与治理具有重要的学术价值和指导意义。

　　该书在一定程度上丰富了流域水资源生态规划的理论研究，拓展了流域水资源优化配置的应用领域；从特定的角度弥补了岷江上游流域水资源生态规划模型构建与优化配置研究的欠缺与不足，总结了岷江上游流域水资源规划的响应措施及合理配置模式。

　　从中国特色绿色创新经济的研究角度审视，研究岷江上游流域水资源模型构建及优化配置问题无疑具有一定的创新性和探索性。该书的出版，将有助于绿色创新经济在岷江上游流域这一特定区域的探索和实践，有助于岷江上游流域水资源的综合利用和优化配置，有助于为岷江上游流域绿色经济高质量发展和长江上游生态屏障建设提供有效的管理工具和经验，对岷江上游地区的社会经济、资源环境和城镇建设协调发展具有积极的促进作用。该书的出版也为我国其他流域实行最严格水资源管理制度下的水资源供需分析和流域生态综合规划设计提供了参考。

谨以此作序！

四川大学经济学院教授、博士生导师

2023 年 11 月 30 日

前　　言

2023年10月12日，习近平总书记在江西省南昌市主持召开进一步推动长江经济带高质量发展座谈会并发表重要讲话。他强调，从长远来看，推动长江经济带高质量发展，根本上依赖于长江流域高质量的生态环境。要毫不动摇坚持共抓大保护、不搞大开发，在高水平保护上下更大功夫。沿江各地生态红线已经划定，必须守住管住，加强生态环境分区管控，严格执行准入清单。各级党委和政府对划定的本地重要生态空间要心中有数，优先保护、严格保护。要继续加强生态环境综合治理，持续强化重点领域污染治理，统筹水资源、水环境、水生态，扎实推进大气和土壤污染防治，更加注重前端控污，从源头上降低污染物排放总量。坚定推进长江"十年禁渔"，巩固好已经取得的成果。协同推进降碳、减污、扩绿、增长，把产业绿色转型升级作为重中之重，加快培育壮大绿色低碳产业，积极发展绿色技术、绿色产品，提高经济绿色化程度，增强发展的潜力和后劲。支持生态优势地区做好生态利用文章，把生态财富转化为经济财富。完善横向生态保护补偿机制，激发全流域参与生态保护的积极性。

岷江是长江上游重要的支流，依次流经川西高原、成都平原、川南盆地，最后在宜宾市注入长江，分为上游、中游和下游三个区段。岷江上游流域地区包括阿坝藏族羌族自治州的汶川县、理县、茂县、松潘县、黑水县五县，地貌类型以高原、山地和丘陵为主，约占整个岷江流域总面积的80%。岷江上游流经区域可分为生态环境脆弱区、干旱河谷区、林草地区、高原地区、国家级风景名胜区、世界级自然遗产地和中国珍稀动物保护区等多类型。岷江上游地区属于资源禀赋特别丰厚、生态地位特别重要、人文历史特别悠久、流域影响特别深远的河谷区域，按照党的二十大精神要求，要在这样的特殊区域全面贯彻落实新发展理念，坚定走生态优先、绿色低碳的高质量发展道路，坚持系统观念，把水资源作为最大的刚性约束，全方位贯彻"四水四定"，实施岷江流域乃至长江上游流域深度节水控水，精打细算用好水资源，从严从细管好水资源，推动绿色发展，促进人与自然和谐共生，促进岷江流域生态保护和高质量发展。

新时期的城乡规划特别注重合理开发利用和保护水资源，与过去相比，对水资源的合理承载和充分利用已经提高到了一个新的高度。因此，从岷江上游流域的资源条件和发展基础出发，研究特定流域的水资源生态规划模型构建及优化配置对策，对于水资源生态规划理论的发展与创新、城水关系的融合互动与协调共生、和谐流域的环境修复和持续发展具有重大的理论意义和现实意义。

本书开展基于水资源承载基础的岷江上游流域生态规划研究，针对流域环境所承载的沿岸城镇发展众多功能需求和河流脆弱生态环境状况进行深入研究，通过流域供需平衡分析，利用指标体系评价法预测水资源承载力的变化趋势，采用模糊综合评判法确定流域的合理开发利用模式，构建岷江上游流域地区生态规划模型，分析岷江上游流域实行最严格水资源管理制度需要的支撑条件和技术体系，探索岷江上游流域水资源的优化配置方法，形成岷江上游流域生态综合规划的干预思路，总结岷江上游流域水资源规划的综合利用管理模式，提出实现岷江上游流域生态经济环境可持续发展的对策措施及制度保障。

由于流域水资源生态规划理论及应用是一个全新而复杂的研究领域，岷江上游流域的水资源生态规划模型构建及优化配置也涉及方方面面，因此本书尚有许多有待完善和进一步深入研究的地方。希望本书的出版能够起到抛砖引玉的作用，吸引更多的学者参与到流域水资源生态规划理论及应用研究和对岷江上游流域的关注中来，促进并提高相关领域和区域的发展与研究水平。

书中数据均整理于 2018 年，限于时间和本人的学术水平有限，书中难免存在疏漏和不足之处，敬请读者批评指正，并希望大家多提宝贵意见。

赵兵

2023 年 11 月 30 日

目　　录

第1章 岷江上游流域自然环境
条件与社会经济基础

1.1 岷江上游流域自然环境条件

1.1.1 地理概况

岷江上游流域位于青藏高原东部，四川盆地西北部，处于秦岭纬向构造带、龙门山北东向构造带与马尔康北西向构造带间的三角形地块内，东经 102°33′46″~104°15′36″，北纬 30°45′37″~33°69′35″。该区域位于阿坝藏族羌族自治州(简称阿坝州)东南部，包括汶川、理县、茂县、松潘、黑水五县，总面积为 25426km²。东面与北川、安州、绵竹交界，南接崇州、大邑，西连红原、马尔康，北与九寨沟县、若尔盖县接壤。由于流域范围的延伸性和特殊性，为了便于研究，本书将上述五县定义为岷江上游流域地区核心区，将与上述五县相邻的马尔康市、九寨沟县、若尔盖县、红原县、小金县共五县范围定义为岷江上游流域地区辐射区，在书中除非特别说明，岷江上游流域地区所属范围为上述五县所组成的核心区部分[①]。岷江上游流域核心区如图 1-1 所示。

图 1-1　岷江上游流域地区核心区示意图

---

① 有少数文献将九寨沟县纳入了岷江上游流域范围，按照中国科学院·水利部成都山地灾害与环境研究所相关专家的认定和学界多数人的观点，本书采用岷江上游流域五县的划分标准。

1.1.2   地质地貌

岷江上游流域大部分属于邛崃山系岷江山脉，东南边境属于龙门山尾段，自西北向东南倾斜，最高海拔 6247.8m（四姑娘山），最低海拔 780m（东南漩口地区）。根据地貌类型统一分类，岷江上游流域可分为低中山、中山、高山、极高山四个基本类型：低中山面积 1108.6km²，中山面积 18163.6km²，高山面积 5415.9km²，极高山面积 737.9km²。岷江上游流域内地质大部分属于马尔康地质分区和龙门山地质分区，属于纬向构造体系。流域内以片岩、千枚岩、砂板岩、大理岩等变质岩为主，花岗岩零星分布。该流域基本按向斜谷背斜山的模式展现地形，地势向东南四川盆地方向倾斜，呈典型的高山峡谷地貌。

从岷江上游流域流经地区总体地貌来看，该区三级地貌分段结构明显，Ⅰ级汶川—茂县段总体上为窄的"U"形河谷地貌特征；Ⅱ级茂县—松潘段总体上为窄的"V"形高山峡谷型特征；而Ⅲ级松潘—贡嘎岭段总体上为宽的"U"形河谷特征，见表 1-1。

表 1-1   岷江上游地貌分段特征表

流域区段	总体形态描述	流域区段细分	流域区段形态描述
汶川—茂县段（Ⅰ）	总体上为窄的"U"形河谷	汶川—文镇段（Ⅰ）	较窄的"U"形河谷，谷底宽 100～200m
		文镇—南新段（Ⅰ）	河谷底形态为"V"形
		南新—茂县段（Ⅰ）	较宽的"U"形河谷，谷底宽 200～500m
茂县—松潘段（Ⅱ）	总体上为窄的"V"形高山峡谷型河谷	茂县—大店段（Ⅱ）	时宽时窄的"V"形高山峡谷，谷底宽 30～100m
		大店—教场段（Ⅱ）	窄的"V"形高山深峡谷
		教场—太平段（Ⅱ）	回水较宽的"V"形河谷
		太平—松潘段（Ⅱ）	宽窄相间的"V"形高山谷
松潘—贡嘎岭段（Ⅲ）	总体上为宽的"U"形河谷	松潘—虹桥关段（Ⅲ）	"U"形蛇曲河谷，宽 100～500m
		虹桥关—贡嘎岭段（Ⅲ）	第四系盆地构成的较宽"U"形河谷，宽 300～500m

1.1.3   生态环境

岷江上游流域地区自源头到都江堰之间的河段，位于北纬 31°～33°，东经 102°～104°，平原和丘陵少，山地多。平原地区西北高、东南低，属于亚热带季风性湿润气候，四季分明，夏季酷热，冬季严寒。多数地区年降水量在 730mm 以下，森林覆盖率达到 35%以上，地表起伏巨大。

岷江上游总流域面积中，耕地面积大约为 384km²，主要集中在低海拔河谷地区。受水分条件和热量条件的影响，该区域耕地复种指数小，水土流失严重，土地贫瘠，次生灾害常有发生。根据统计，该区林地面积和牧草地面积所占比重大，分别占该流域总面积的 35.85%和 38.79%，岷江上游流域地区整体农业收入中林业、牧业收入比重大，为整个岷江上游流域地区农业收入的主要来源。

1.1.4　气候条件

岷江上游流域为典型的亚热带季风性湿润气候,空气湿度较低,多晴少雨。该区域内海拔高差极大,呈现出明显的垂直地带性地域分异规律,具有明显的山地立体型气候特征。岷江上游流域区域常年日照时数为 1500～1800h,日照百分率为 38%,年平均气温为10.2℃,近年来测算年平均降水量为 724.9mm,最高年降水量为 1190.9mm,最低年降水量为 492.7mm。

岷江上游流域地区干湿季明显,雨季较长,主要集中在每年 5～10 月,干季较短,主要集中于每年 11 月～次年 4 月。干季、雨季降水量和年平均气温随海拔高度升高而下降,而气温的梯度递减率相差不大,呈现典型的气候垂直分布特征。岷江上游流域的干暖河谷地区上段日照时数较多,日照时数最长的月份为每年 12 月,下段茂县日照时数较少,主要集中在每年 8 月,且变化幅度较大,年蒸发量仅为 1332mm,年降水量也仅为 493mm,表 1-2 为岷江上游流域五县气候资料。

表 1-2　岷江上游流域五县气候资料

地区	平均气温/℃			年降水量/mm	年蒸发量/mm
	全年	1 月	7 月		
松潘县	6	-4	14.5	730	1136
黑水县	9	-1	17.5	833	1672
理县	11	0.6	21	591	1586
茂县	11	0.4	21	493	1332
汶川县	13	2.5	22	554	1858

根据以上分析,岷江上游流域地区由于地域辽阔、山高谷深,地势垂直分异较大,气候差异非常明显,表现出显著的垂直分带性特征。岷江上游流域水源区地理位置、地貌背景、生态环境条件和气候条件等自然环境条件概况见表 1-3。

表 1-3　岷江上游流域自然环境条件概况表

项目	分类	基本概况
自然环境条件	地理位置	位于四川盆地的西侧,发源于青藏高原东侧的岷山南麓,由北向南流入长江,其上游地区属于长江的重要源头区域,地理坐标位于北纬 31°～33°,东经 102°～104°
	气候条件	岷江上游流域大部分地区属于山地温带和山地亚寒带气候类型。天气系统受西风环流、西南季风和东南季风的影响,11 月～次年 4 月,降水少,天气晴朗,空气湿度低,4 月进入雨季,5～10 月降水量偏多,占全年降水量的 80%左右
	生态环境条件	岷江上游流域地区自源头到都江堰之间的河段,平原和丘陵少,山区多。平原地区西北高、东南低,属于亚热带季风性湿润气候,四季分明,夏季酷暑,冬季严寒
	地貌背景	岷江上游流域的地貌类型可以分为山原高原和高山峡谷地貌,山原高原包括松潘、黑水、理县,高山峡谷包括汶川、茂县。总体趋势为西北高、东南低

项目	分类	基本概况
水资源特征	河流水系特征	地下水富水性极不均匀,河流水系特征与构造发育程度有关,在构造发育区泉群出露较多,枯季形成对地表水的补给
	河流径流特征	岷江上游流域的河川径流主要由降雨形成,也有一定的高山融雪补给。降水年内分配是 4 月降雨开始增大,5~10 月降雨占全年85%。相对湿度在70%~80%,干湿季分明,5~10 月为雨季,11 月~次年4月为旱季
	河流补给特征	岷江上游流域水源主要为自然降水补给,占全年总补给量的75%~80%,其中融雪水占5%左右。另外的重要补给方式为地下水补给,占全年总补给量的20%~25%
	降水特征	受西风环流和季风暖流交替控制,气候变化在水平上从亚热带向暖温带,再向寒温带过渡。其降水量的整体趋势是从流域的北、西、南三个方向向东递减
地质构造特征		受印度洋板块、太平洋板块和欧亚大陆板块等共同作用和影响,岷江上游流域区域内构造活动十分复杂和独特,断裂、褶皱、断续节理等广泛分布和发育
地层岩性特征		岷江上游流域地区地层发育齐全,自元古宇至第四系均有分布,以古生界最为发育,其中三叠系广泛分布

1.1.5　河流水系

岷江是长江上游的主要支流之一,发源于岷山南麓,分东西两源,东源出自弓杠岭,西源出自郎架岭,于松潘县虹桥关汇合后,自北向南流经松潘县、茂县、汶川县,至都江堰市,分为内、外两江,穿过成都平原后在彭山汇合,于乐山市接纳大渡河,流至宜宾汇入长江。岷江在都江堰以上为岷江上游,上游干流总长约为340km。岷江上游共有小黑水、赤不苏河、草坡河、寿溪河等13条一级支流,见表1-4。

表 1-4　岷江上游部分河流水系

河流名称	支流	基本情况
小黑水	岷江西源左岸一级支流	发源于四川省松潘县燕云乡卡龙村,流经松潘县红土镇、黑水县卡龙镇、知木林镇,于黑水县知木林镇知木林村汇入岷江
赤不苏河	岷江西源右岸一级支流	发源于四川省茂县赤不苏镇后村,流经黑水县瓦钵梁子乡,于茂县赤不苏镇二不寨村汇入岷江西源
草坡河	岷江右岸一级支流	发源于四川省汶川县绵虒镇沙排村,于汶川县绵虒镇和谐新村汇入岷江
寿溪河	岷江右岸一级支流	发源于四川省汶川县三江镇席草村,流经汶川县水磨镇、漩口镇,于汶川县漩口镇群益村汇入岷江
打古河	大黑水左岸一级支流,岷江西源右岸二级支流	发源于四川省黑水县芦花镇三达古村,流经黑水县沙石多镇,于黑水县沙石多镇昌德村汇入大黑水
德石窝沟	大黑水右岸一级支流	发源于黑水县芦花镇二古鲁村,于黑水县芦花镇德石窝村汇入大黑水
漳腊河	岷江北源左岸一级支流	发源于四川省松潘县川主寺镇安备村,于松潘县川主寺镇漳腊社区汇入岷江北源
松坪沟	岷江北源右岸一级支流	发源于四川省茂县叠溪镇松坪沟村,流经茂县叠溪镇,于茂县叠溪镇较场村汇入岷江北源
胆杂木沟	杂谷脑河右岸一级支流	发源于理县杂谷脑镇烧茶坪,于杂谷脑镇营盘社区汇入杂谷脑河
打色尔沟	杂谷脑河右岸一级支流	发源于理县杂谷脑镇狮子岩窝,于杂谷脑镇官田村汇入杂谷脑河
梭罗沟	杂谷脑河右岸一级支流,岷江右岸二级支流	发源于四川省理县朴头镇梭罗沟村,于理县朴头镇四南达村汇入杂谷脑河

续表

河流名称	支流	基本情况
孟屯沟	杂谷脑河左岸一级支流,岷江右岸二级支流	发源于四川省理县上孟乡木尼村,流经理县下孟乡、薛城镇,于理县薛城镇沙金村汇入杂谷脑河
正河	渔子溪左岸一级支流、岷江右岸二级支流	发源于四川省汶川县耿达镇龙潭村,于汶川县耿达镇龙潭村汇入渔子溪

资料来源:《阿坝州江河湖泊水功能区划》(阿坝藏族羌族自治州水务局,2010)。

1.1.6　土壤植被

受生物气候垂直自然带制约,岷江上游地区土壤垂直分异十分显著,从低海拔地区到高海拔地区依次为褐土→棕壤→暗棕壤→寒棕壤→寒毡土→寒冻毡土和高山寒漠土。随着海拔和水热条件的变化,植物在水平分配上,由纬度较低的东南部低中山区逐渐向纬度较高的西部平原区变化。其植被从常绿—落叶阔叶林相间,到针阔叶混交—暗针叶林—亚高山灌丛草被—高山草甸矮生草被的趋势变化。同一海拔范围内,不同坡向所引起的水热分配状况不同,导致阴坡森林多,阳坡草被多,详见表1-5。

表 1-5　岷江上游气候、植被、土壤垂直自然带

海拔/m	垂直气候带	垂直植被带	垂直土壤带
>4800(5000)	冰雪带	永久积雪(无植被)	永久积雪(无植被)
4400(4500)~4800(5000)	寒带	流石滩植被带	高寒寒漠土
3800(4000)~4400(4500)	亚寒带	亚高山灌丛草甸、高山草甸带	寒毡土、寒冻毡土
3000(3200)~3800(4000)	温寒带	冷、云杉林带	暗棕壤、寒棕壤
2000(2200)~3000(3200)	温带	针阔叶混交林带(松林带)	棕壤、褐土
1500(1600)~2000(2200)	暖温带	常绿、落叶阔叶林、干旱灌丛植被带	石灰性褐土
<1500(1600)	亚热带	常绿阔叶林、干旱灌丛植被带	黄壤、准黄壤、石灰性褐土

资料来源:《阿坝藏族羌族自治州土地利用总体规划(2006—2020年)》(阿坝藏族羌族自治州人民政府,2010年)。

1.2　岷江上游流域社会经济基础

1.2.1　岷江上游流域人口分布状况

截至2022年6月,岷江上游流域五县总人口为39.1万人,平均人口密度为15.5人/km²。人口沿河谷地带分布,以威州、映秀、漩口一带最密集。绝大部分人口集中分布在河谷和山间台地,造成局部区域人口密度大,人地矛盾尖锐的现状。由于历史原因,岷江上游流域社会发展程度不高,居民受教育程度较低,人力资源相对不足。岷江上游流域地区居民以藏族、羌族、回族等少数民族为主,占其总人口的73.03%,是中国最大的羌族聚居区。岷江上游流域地区人口统计见表1-6。

表 1-6　岷江上游流域区域各县人口统计表（2018 年）

县	年末常住人口/万人	城镇人口		农村人口	
		人口数/万人	比重/%	人口数/万人	比重/%
汶川县	10.2	4.9	48.0	5.3	52.0
理县	4.3	1.1	25.6	3.2	74.4
茂县	10.9	6.2	56.9	4.7	43.1
松潘县	7.6	3.1	40.8	4.5	59.2
黑水县	6.1	2.3	37.7	3.8	62.3
总计	39.1	17.6	45.0	21.5	55.0

资料来源：《四川省统计年鉴（2018）》（四川省统计局，2019）。

1.2.2　岷江上游流域基本情况

（1）汶川县。汶川县位于阿坝藏族羌族自治州的东南部，属于岷江上游流域南部区域，总面积为 4084km²，其中耕地面积为 10894hm²，森林覆盖率达 38.1%。截至 2022 年 6 月，汶川县辖 9 个镇，地区人口总计 10.2 万人，羌族人口占总人口数的 39.5%。该县气候南湿（漩口镇、映秀镇）北旱（威州镇、绵虒镇），气候较为干燥，阳光、热量与水资源在多地分布不均，有明显的差异，这有利于在该地发展差异化农业。汶川县域内岷江主要支流有杂谷脑河、草坡河、寿江等。岷江纵贯县境西部地区，长达 88km，流域面积为 1429km²。全县蕴含丰富的水能资源，理论蕴藏量达 348 万 kW，可开发量为 175 万 kW。

（2）理县。理县位于阿坝藏族羌族自治州东南部，位于岷江上游流域中西部地区，总辖面积为 4318km²，其中耕地面积为 3216hm²，森林覆盖率 39.51%。截至 2022 年 6 月，全县辖 6 镇 8 乡，总人口 4.3 万人，其中藏族人口占 53.43%，羌族人口占 33.50%。地质构造属龙门山断裂带中段，理县区域内多为山地，地形起伏较大，平均海拔 2700m，气候属于山地立体型气候，春夏两季多降水，冬季无霜期较短。理县内山地多，沟壑纵横，地形起伏且高差较大，河流众多，具有较大的水资源开发潜力，水电可开发量达 120 万余千瓦。

（3）茂县。茂县位于阿坝藏族羌族自治州东南部，属于岷江上游东中部区域，总面积为 3896.3km²，其中耕地面积为 8266hm²，森林覆盖率达 37%。截至 2022 年 6 月，全县辖 11 镇，总人口为 10.9 万人。茂县是全国羌族人口最多的县，羌族人口占该县总人口数的 92.5%。气候具有干燥多风、冬冷夏凉、昼夜温差大、地区差异大的特点。岷江在茂县境内流向为自北向南，黑水河、赤不苏河、松坪沟分别在大小两河口和叠溪镇汇入岷江。境内江河纵横，水流湍急，水能资源开发潜力较大，预计水能蕴藏量为 127.5 万 kW，可开发量为 39.8 万 kW。

（4）松潘县。松潘县位于阿坝藏族羌族自治州东北部，属于岷江上游东北部区域，总面积 8341km²，其中耕地面积为 8141hm²，森林覆盖率为 37.2%。截至 2022 年 6 月，全县辖 7 镇 10 乡，总人口 7.6 万人，藏族人口占其总人口数的 42.97%，羌族人口占总人口数的 10.2%，回族人口占总人口数的 15.03%。境内降水分布不均匀，但旱季和雨季区别明显，雨季降水较多，占全年降水量的 72% 以上。县境内有岷江河、热务曲河、毛尔盖河、白草河等岷江支流，水能理论蕴藏量达 76 万 kW，可开发量为 11 万 kW。

(5) 黑水县。黑水县位于阿坝藏族羌族自治州东中部,属于岷江上游西北部区域。黑水县总面积为 4165km²,其中耕地面积为 7846hm²,森林覆盖率为 45.1%。截至 2022 年 6 月,全县辖 8 镇 7 乡,总人口为 6.1 万人,其中藏族人口占 92.7%,是一个以农业为主的藏族聚居县。黑水县属于高原季风气候区,旱雨两季季节分明,日照充足,全年温度差异较小。黑水县境内有黑水河、毛尔盖河、小黑水河三条岷江支流,水能理论蕴藏量为 87.8 万 kW,可开发量为 39.5 万 kW。

1.2.3　岷江上游流域经济发展状况

1. 总体情况

岷江上游流域地区气候多样,生态环境独特,自然资源极为丰富,特别是旅游资源和水电资源具有比较优势。在农业领域,其主要农作物有玉米、青稞、黄豆、土豆、小麦、蚕豆、荞麦、油菜、亚麻等,畜产品有禽、皮、毛、乳、油、骨等,珍稀药材植物有贝母、虫草等;在工业领域,其以水电开发为龙头产业,重点发展旅游、医药、建材、绿色食品等优势产业,著名旅游品牌有大九寨、大熊猫、大草原、大冰川、大石海等。2018 年岷江上游流域地区核心区五县第一、第二、第三产业经济数据统计详见表 1-7。

表 1-7　岷江上游流域的经济数据统计表(2018 年)

区域	县	地区生产总值	第一产业	第二产业	第三产业	人均地区生产总值
岷江上游流域	汶川县	584843 万元	41979 万元	369855 万元	173009 万元	56947 元
	理县	246138 万元	21401 万元	163861 万元	60876 万元	50335 元
	茂县	344003 万元	61123 万元	207730 万元	75150 万元	30880 元
	松潘县	214304 万元	43382 万元	62954 万元	107968 万元	28536 元
	黑水县	224299 万元	28147 万元	144599 万元	51553 万元	36891 元
	小计	1613587 万元	196032 万元	948999 万元	468556 万元	40717 元
阿坝藏族羌族自治州合计		3900800 万元	670900 万元	962400 万元	2267500 万元	41278 元
岷江上游流域生产总值占阿坝藏族羌族自治州生产总值比重/%		41.37	29.22	98.61	20.66	—
阿坝藏族羌族自治州生产总值占四川省生产总值比重/%		0.83	1.39	0.93	0.92	—

资料来源:《四川省统计年鉴(2019)》(四川省统计局,2020)。

岷江上游流域各县充分利用本地资源优势积极发展,逐渐形成了以旅游业、水电能源业、高载能业为主导产业的县域经济体系。在岷江上游地区的核心区和辐射区分布着九寨沟、黄龙、卧龙等世界级自然遗产地和国家自然保护区。受自然条件影响,该区水能资源丰富,拥有岷江、黑水河、杂谷脑河、白水河、孟屯沟和寿溪河等众多河流可供水电开发。以水电资源为依托,本地重点发展了高载能电冶工业,如电解铝、硅铁、工业硅、电石、锂盐、电子蓝宝石、绝缘陶瓷、铝箔、石墨电极等。

2. 主要特征

目前,岷江上游流域地区生产总值仅占四川省的 0.34%,这一方面是由于岷江上游流域总体处于禁止或限制开发区内,海拔较高,地形复杂,生态承受力较弱,同时是长江、黄河上游生态屏障,必须维持其生态功能;另一方面,本区基础设施条件较差,信息通达度低,属于经济发展相对滞后的山区。然而,岷江上游流域地区核心区的5县地区生产总值总计占阿坝藏族羌族自治州地区生产总值近1/2,其工业总产值占阿坝藏族羌族自治州绝大部分,该地区工业结构比较单一,主要为依托于水电开发及高耗能产业等资源的依赖型水电工业,占比达到全部工业增加值的85%以上。岷江上游流域地区除依流域而建的水电开发建筑外,汶川的七盘沟、映秀和漩口等地也形成了工业集中地带,其余4县主要从事以农牧业、旅游业等为主的非工业产业。

岷江上游流域地区经济特征主要有:①1978～2018 年,该区域经济规模不断增大,农业农村经济向好发展,工业规模与日俱增,交通通信基础设施建设不断完善,人民生活水平显著提高,综合经济实力明显增强;②岷江上游流域地区的三次产业结构由1978 年的40∶48∶12演变为2018 年的12∶59∶29,产业结构得到了全面优化升级,经济运行质量和效益明显提高,农村经济协调发展,农业基础更加稳固;③该地区产业结构不断优化,优势资源向优势产业的转化不断增强,城市化进程加速推进,工业总体规模不断扩大,发展质量和效益不断提高,以旅游业为龙头的第三产业近些年取得了较好的成效。

3. 工业化阶段分析

工业化是一个国家或地区经济发展的普遍过程,也是发展中国家和地区走向现代化的必然选择,通过参考不同阶段的标志值可以大致区分地区所处的阶段。近现代经济发展主要以工业化为标志,经济发展过程实际上是工业化过程。参照钱纳里等(1989)的划分方法,可以将工业化过程大体分为工业化初期、中期和后期(表1-8)。

表 1-8　工业化不同阶段的标志值

项目		前工业化阶段	工业化实现阶段			后工业化阶段
			工业化初期	工业化中期	工业化后期	
人均GDP基本指标	1964 年	100～200 美元	200～400 美元	400～800 美元	800～1500 美元	1500 美元以上
	1996 年	620～1240 美元	1240～2480 美元	2480～4960 美元	4960～9300 美元	9300 美元以上
	1995 年	610～1220 美元	1220～2430 美元	2430～4870 美元	4870～9120 美元	9120 美元以上
	2000 年	660～1320 美元	1320～2640 美元	2640～5280 美元	5280～9910 美元	9910 美元以上
	2002 年	680～1360 美元	1360～2730 美元	2730～5460 美元	5460～10200 美元	10200 美元以上
	2004 年	720～1440 美元	1440～2880 美元	2880～5760 美元	5760～10810 美元	10810 美元以上
第一到第三产业增加值结构(产业结构)		$A>I$	$A>20\%$, 且 $A<I$	$A<20\%$, $I>S$	$A<10\%$, $I>S$	$A<10\%$, $I<S$
制造业增加值占总商品增加值比重(工业结构)		20%以下	20%～40%	40%～50%	50%～60%	60%以上
人口城市化率(空间结构)		30%以下	30%～50%	50%～60%	60%～75%	75%以上
第一产业就业人员占比(就业结构)		60%以上	45%～60%	30%～45%	10%～30%	10%以下

注:A 表示第一产业增加值在 GDP 中的占比,I 表示第二产业增加值在 GDP 中的占比,S 表示第三产业增加值在 GDP 中的占比。

　　按钱纳里标准(钱纳里，1989)，2018 年岷江上游流域地区人均 GDP 达到 40717 元，整体处于工业化初期阶段到工业化中期阶段之间。以人均 GDP 和第一到第三产业比重为依据，按钱纳里标准(钱纳里，1989)，2018 年岷江上游流域地区的工业化水平如表 1-9 所示。

表 1-9　岷江上游流域 2018 年的工业化水平

地区	人均 GDP/元	按人均 GDP 判断的工业化水平	第一到第三产业比重	按第一到第三产业比重判断的工业化水平
汶川县	56947	工业化中期	7∶63∶30	工业化中期→工业化后期
理县	50335	工业化初期	9∶66∶25	工业化初期→工业化中期
茂县	30880	前工业化阶段	18∶60∶22	前工业化阶段→工业化初期
松潘县	28536	工业化初期	20∶29∶51	前工业化阶段→工业化初期
黑水县	36891	前工业化阶段	13∶64∶23	前工业化阶段→工业化初期

资料来源：《四川省统计年鉴(2019)》(四川省统计局，2020)。

　　不论从整体还是从各个地区来看，岷江上游流域地区 2018 年的工业化水平基本处于工业化初期和中期阶段，工业化水平较低，需要不断调整和优化产业结构来提高工业化水平。

　　4. 地区工业密度

　　为了衡量一个地区在一定时期内工业的集约化程度，本书把每平方千米的万元工业增加值称为工业密度。显然，工业密度越大，工业布局越集中，就能形成产业集群、聚集效应，发挥区域各种资源要素的极化效应和规模效益，为大规模工业发展提供有效助力。2018年，四川省平均工业密度为 250.81 万元工业增加值/km²，与岷江上游地区地域密切相关的成都市、德阳市、绵阳市、雅安市分别为 3950.99 万元工业增加值/km²、1713.71 万元工业增加值/km²、431.82 万元工业增加值/km²、182.45 万元工业增加值/km²，工业集中程度较高(表 1-10)。阿坝藏族羌族自治州工业密度最低，说明其工业布局过于分散，工业聚集程度不足，没有形成产业集群。

　　综上分析，岷江上游流域地区自开发以来，经济发展已由工业化初期阶段转向工业化中期阶段，工业产业初具规模，产业结构趋于合理，资源型开发成为发展经济的原动力。

表 1-10　阿坝藏族羌族自治州与岷江上游流域周边相邻地区工业集中程度比较(2018 年)

地区	工业增加值/亿元	同比增长/%	工业密度/(万元工业增加值/km²)
成都市	5663.75	7.6	3950.99
德阳市	1012.8	9.8	1713.71
绵阳市	874.34	10.08	431.82
雅安市	247.52	9.2	182.45
阿坝藏族羌族自治州	105.11	0.7	12.66
总计	7903.52	37.48	6291.63
四川省	12190.5	8.1	250.81

资料来源：《四川省统计年鉴(2019)》(四川省统计局，2020)。

1.3　岷江上游流域社会经济发展与自然环境问题

水是人类赖以生存和发展不可替代的自然资源，是构成环境的重要因素。随着社会和经济的发展、人口的增长和城市化进程的加快，对水的需求越来越多，水资源短缺和水污染问题日益严重，在一些地区已成为社会经济发展的制约因素。岷江上游流域为水源涵养地，主要靠天然降雨、森林涵养、积雪融化补给水量。要保障岷江上游流域的水资源需求，只有将水资源优势和生态优势真正转变为产业优势和经济优势，才能有力地促进地区经济发展。

据都江堰水文站监测资料，近几十年来，岷江上游流域年均降水量呈下降趋势，但从水资源总量来看，岷江上游流域地区水资源总量仍比较大，河道大部分为深山峡谷，河流落差大，水源年内分布不均，降水空间分布不均。因此，岷江上游流域水资源的特点是水量丰富、时空分布不均、存蓄性差(赵兵，2015c)。目前岷江上游流域经济社会发展对水资源与生态自然环境的影响主要为以下几点。

(1)自然资源基本恢复，生态系统初步形成(赵兵，2015a)。岷江上游流域地区地处长江源头区域，是重要的水源涵养地和水土保持区，地震和频繁发生的山体滑坡、泥石流等次生灾害虽然使原生林草植被、野生动物栖息地等自然资源受到了一定程度的破坏，但在阿坝藏族羌族自治州建设川西北生态示范区的引领下，"两大工程"(退耕还林工程与天然林资源保护工程)精心恢复的植被系统已经初步形成，部分地区建立的人地系统平衡得到基本保障，森林、草地、湿地等生态系统整体上初步形成。

(2)防洪和丰枯期调度的任务重，次生灾害已经得到有效控制。岷江上游流域内山高坡陡，耕地较为缺乏，农业很难扩大再生产。水资源存蓄性差，降雨流失较快，航运也因水位落差大而难以发展。经过多年的农田水利综合整治和超时令蔬菜基地建设，灌溉性农业有了根本改观，岷江上游流域农业生产有望获得高质量的增长。

(3)地貌不稳定性与地表脆弱性在一定时期仍然存在(彭立等，2007)。由于新构造运动活跃，受第四纪冰川作用以及其他外营力的影响，岷江上游流域发育成了南北走向的高山纵谷。河流两侧谷坡陡峭，平均坡度角在30°~35°，岩层破碎，地表风化强，现代地貌过程十分活跃。另外，岷江上游河流纵比降大，洪枯流量变化幅度大，河流下切和旁蚀能力均较强，使河谷下部的地貌十分不稳定。该区的母质岩石组成和堆积松散，破碎度大，稳定性也差，即使轻微的外部干扰也可能导致灾难性的生态破坏。

(4)水资源综合利用水平低，枯水期供需矛盾依旧存在(包维楷和王春明，2000)。岷江上游流域地区水资源缺乏统一管理，水利水电工程不配套，难以充分发挥水资源的综合利用效益。农业用水和工业用水、生产用水和生活用水与水源工程之间难以进行有效的统一调度，各自独立。该流域范围内的水电企业缺乏科学管理，沿途干支流大小电站星罗棋布、遍地开花，且多为径流引水式电站，导致河段干涸，形成断流，水生生物受到严重影响。各水电站普遍在开发过程中防洪(蓄水)功能上考虑不足，功能单一。从水资源经济角度分析，岷江上游流域水资源如果长期在极低的水价下(几乎是无偿使用)实现较大水量上的供需均衡，必然会加快水资源危机的到来。由于水资源利用与配置错位，枯水期经济用水挤占生态用水，灌溉农业的春旱问题突出，严重制约土地利用和农业生产。

(5) 城乡环境总体改善，工农业污染治理有序推进 (赵兵，2015a)。岷江上游流域地区经济发展相对落后，城镇基础设施严重滞后，城市化进程缓慢。城镇多集于干旱河谷地带，地势狭窄，土地的有效利用和城镇的规模扩展受到限制，导致人口与产业的空间布局分散，公共设施、基础设施和服务供给难以形成规模效应。该区域大多数县及集镇已经设立了垃圾和污水处理设施，入驻的部分环保企业按要求进行达标排放。九寨环线节假日旅游景区游客数量猛增，导致景区环境和水体环境受到一定程度的威胁。农业生产废弃物和畜禽养殖污染存在加重的趋势，点源和面源污染需要有效控制。

(6) 敏感地带逐渐减少，生态环境有效恢复。岷江上游流域地区原本就是以干旱河谷为基础的一类较典型的脆弱生态系统，这是由于本地特殊的气候条件、地质地貌条件为基底产生的原生脆弱性，加上人为活动的胁迫性影响而导致的次生脆弱性交互作用的结果。随着灾后重建的有效推进，岷江上游流域地区生态环境总体上随时间推移由高脆弱型向低脆弱型演进，极高敏感和高敏感区域面积不断减少，生态稳定性因素日渐增多，结构型脆弱度和胁迫型脆弱度均有所下降。

(7) 森林退缩水土流失局面得到根本性控制，生态功能逐渐恢复。岷江上游流域地区在大规模种植林木和退耕还林还草行动后，森林资源逐渐增多，林龄结构趋于合理，森林环境的有效改善和林区生物多样性的丰富，尤其是原生林木的有效保护，使岷江上游流域地区水源涵养力和动植物种数恢复较快。"5·12"汶川大地震造成的地质变化及次生灾害已在十多年的治理重建中得到根本性修复，使得该地区山体林草密布，水文变化稳定，土壤侵蚀得到控制，土地肥力增强，生态功能日益恢复。

(8) 乱垦、过度放牧及鼠虫灾害依然存在，草原生态局部恶化趋势仍存在。岷江上游流域地区部分草场目前仍然停留在靠天养畜、自然放牧状态，鼠虫成灾和人为破坏(乱采乱挖药材)使可利用草场面积减小，草种变异和毒草侵入使优草种类分布面积变小，草地肥力减弱，更新能力降低。要在全面推进草原生态文明体制改革和稳定完善草原承包经营制度下，严格落实草原禁牧、休牧、轮牧和草畜平衡制度，开展草原确权承包试点，目前的总体趋势是"整体好转，局部恶化"，要进一步加大措施全面综合治理草原"三化"，改善放牧规模过大、超载过牧和畜群结构不合理等现象，改变传统的畜牧业经营方式，科学实现"草畜平衡"。

第 2 章　流域水资源与生态规划理论

2.1　水资源规划理论

2.1.1　水资源系统

水资源系统指处在一定范围内的水资源，以及为实现水资源开发目标，由相互联系、相互制约、相互作用的若干水资源及工程单元和管理技术单元所构成的有机统一体。以水文循环为特征的自然水资源系统对于水资源系统的构成和来源有决定性作用，以人类活动为主体的宏观社会经济系统对用水的各个环节(用水比例和投资资金等)会产生相应的反作用。从水资源的开发历史及当前水资源管理背景和面临的问题来看，将水资源系统放在更为广泛的自然和社会经济系统之内，对于全面、系统地开展水资源可持续利用，合理地进行水资源规划，具有重要的现实意义(陈传友等，1998)。

水资源系统中的各类水相互联系并依一定规律相互转化，形成一个统一体，体现出明显的整体性特征、层次性特点和互动性特色。统一体内部具有协同性和有序性，与外部进行物质和能量的交换。水资源系统内的主要水源为大气水、地表水、土壤水、地下水、经处理后的污水和从系统外调入的水。各类水源间具有联系，并在一定条件下相互转化。例如，降雨入渗和灌溉可以补充土壤水，土壤水饱和后继续下渗形成地下水，而地下水由于土壤毛细管作用形成潜水蒸发补充大气水，还可通过侧渗流入河流、湖泊而补充地表水。地表水一方面通过蒸发补充大气水，另一方面通过河湖入渗补充土壤水和地下水。因此，不同的水资源利用方式会影响水资源系统内各类水源的构成比例、地域分布和转化特性(Eichel and Staatz，2012)。

水资源系统在空间上为一分布系统。根据水资源形成和转化的规律，一个水资源系统可以包含一个或若干个流域、水系、河流或河段。地下水资源的分区通常和地表水资源分区是一致的。显然，按上述分区原则，一个水资源系统内还可以进一步划分成若干个子系统，同时，其本身又是更大的水资源系统的子系统。所以，水资源系统具有明显的层次结构(Martin J W，1980)。

水资源系统具有整体联动、互为影响、上下联系等多项特征。水资源本身不仅为人类的生存所必需，而且是国民经济发展的重要物质基础。利用大坝和水轮机可以把天然径流中蕴藏的巨大势能积累起来并转化为电能；水库一方面可以拦蓄洪水减轻灾害，另一方面可以发展灌溉(中国科学院可持续发展战略组，2012)；河流能兴舟楫之利，湖泊可以发展水产养殖和旅游业；在生态环境方面，水可以调节气候，提供森林、草原的生长必需并维持生态稳定，保证湿地的生物多样性。

研究水资源系统的内在特点、整体功能及其与外部环境的联系，是水资源可持续利用的基本条件。

2.1.2　水资源规划

水资源规划内涵：以水资源利用、调配为对象，于一定区域内在开发水资源、确保水安全、恢复水生态等目标指导下为防治水患、保护生态环境、提高水资源综合利用效益而制定的总体计划、措施与安排。

水资源规划目的：合理评价、分配和调度水资源，有计划地开发利用水资源，支持社会经济发展，改善自然生态环境，实现水资源开发、社会经济发展及自然生态环境保护相互协调的目标。

水资源规划基本任务：根据国家或地区的经济发展计划、生态环境保护要求，以及各行各业对水资源的需求，结合区域内或区域间水资源条件和特点，确定规划目标，制定开发治理方案，提出工程规模和开发次序方案，并对生态环境保护、社会发展规模、经济发展速度与经济结构调整提出合理建议。

水资源规划主要内容：水资源量与质的计算与评估、水资源功能的划分与协调、水资源的供需平衡分析与水量科学分配、水资源保护与灾害防治规划及相应的水工程规划等。

根据水资源规划的范围和要求，水资源规划大致分成以下几种类型：流域水资源规划、跨流域水资源规划、区域水资源规划和专门水资源规划。区域水资源规划是指为指导区域范围内水资源开发利用而制定的规划，其目的在于有效地利用资源、合理地配置生产力，使区域经济相互协调，提高社会经济，保持良好的生态环境，保持并促进区域可持续发展。

水资源规划是集区域水源、给水、排水、净水处理与综合利用等规划于一体的专项规划，它作为区域规划的一个有机组成部分，应符合其上一级的建设方针和政策，在规划过程中必须遵循一定的工作原则与步骤，以更好地保证水资源规划与区域内城乡或城镇发展相协调，从空间和时序上促进区域城乡发展，保证生态环境保护与各项建设协调进行。

2.2　生态规划与流域生态规划理论

2.2.1　生态规划理论

生态系统的定义：生态系统是指在自然界的一定空间内，生物与环境构成的统一整体，在这个统一体中，生物与环境之间相互影响、相互制约，不断演变，并在一定时期内处于相对稳定的动态平衡状态。生态系统的范围可大可小，相互交错，人类主要生活在以城市和农村为主的人工生态系统中（唐德善，1997）。生态系统是开放系统，是生态学领域的一个主要结构和功能单位，属于生态学研究的最高层次。

生态规划的定义：应用生态学和城乡规划学及其他相关学科的原理、知识与方法，从区域生态功能的完整性、区域资源环境特点及社会经济条件出发，合理规划区域资源开发与利用途径以及社会经济的发展方式，寓自然系统环境保护于区域开发与经济发展之中，使资源利用、环境保护与经济增长达到良性循环，不断提高区域的可持续发展能力，实现人类社会经济的发展与自然过程的协同进化(赵兵，2016)。

生态规划的类型：以区域生态安全为主进行的生态规划是生态规划的主要类型，还有针对特殊生态区域进行的保护性规划，如湿地保护规划、森林生态保护规划、高原生态保护规划等(王军等，2011a)，以及根据特殊保护种群开展的保护性规划，如大熊猫保护规划、红树林保护规划、金丝猴保护区生态保护规划、鱼类繁殖保护区生态保护规划等。

生态规划的内容：主要是根据地方经济发展和总体规划，以保护生态环境为主，在协调经济基础上开展的保护规划，需要统计并汇总区域生态环境的基本信息，包含生态系统类型、生态群落信息、生物量信息、生物物种信息、生态脆弱区信息等，进一步制定保护策略和措施，防止国民经济规划与建设规划实施中对生态环境造成破坏，是一种主动性的前期规划。

生态规划的特性：生态规划特别强调协调性、区域性和层次性，应充分运用生态学的整体性原则、循环再生原则、区域分异原则进行生态规划与设计。其内涵包括以下几个方面：①充分了解规划区域内景观、生态系统与物种多层次生态格局与过程，以及自然生态过程与人类活动的关系。②区域发展应立足于当地社会经济与自然资源的潜力，实现区域经济优势与区域内社会经济功能和生态环境功能的互补与协调。③强调区域发展与区域自然的主动协调，而不是被动适应。强调人是系统的一个组成部分，从人的活动与自然环境和生态过程的关系出发，追求区域总体关系的和谐与功能的改善，包括地区之间、部门之间及资源与环境、生态与生活的相互协调。④追求经济发展的高效与持续性，而不是单纯追求高速度。生态规划强调区域发展是区域社会、经济与环境的改善和提高，系统自我调控能力与抗干扰能力的提高，以全面提高区域可持续发展能力。

生态规划的特征：①生态理念的客观性，生态规划强调从人的社会、经济活动与自然环境的客观状况出发，将人类各种活动融入自然规律的变化之中，追求人与自然关系的和谐统一。②资源环境的可持续性，生态规划强调既要应用生态学的基本原理，体现生态的合理性，又要突出人的主观能动性，强调人对整个系统的宏观调控作用，提高系统自我调控能力与抗干扰能力，从而实现系统结构与功能的完整与可持续发展。③人与自然的和谐性，生态规划在以人为本的原则基础上，协调人类活动和生态环境的关系，追求人与自然的和谐发展。

虽然现代生态规划的研究与实践在我国起步较晚，30多年来，我国有关学者进行了积极的探索和研究，这里将部分研究专著列于表2-1中。

表2-1　国内有关生态规划方面的专著(部分)

作者	著作名称	出版社	年份
王如松	高效、和谐——城市生态调控原则和方法	湖南教育出版社	1988
沈清基	城市生态与城市环境	同济大学出版社	1998
刘滨谊	现代景观规划设计	东南大学出版社	1999
吴人坚	生态城市建设的原理和途径	复旦大学出版社	2000
王如松	城市生态调控方法	气象出版社	2000

续表

作者	著作名称	出版社	年份
王祥荣	生态与环境：城市可持续发展与生态环境调控新论	东南大学出版社	2000
刘贵利	城市生态规划理论与方法	东南大学出版社	2002
黄光宇和陈勇	生态城市理论与规划设计方法	科学出版社	2002
欧阳志云和王如松	区域生态规划理论与方法	化学工业出版社	2005
俞孔坚等	"反规划"途径	中国建筑工业出版社	2005
郑卫民等	城市生态规划导论	湖南科技出版社	2005
焦胜等	城市生态规划概论	化学工业出版社	2006
张洪军	生态规划——尺度、空间布局与可持续发展	化学工业出版社	2007
杨志峰和徐琳瑜	城市生态规划学	北京师范大学出版社	2008
骆天庆等	现代生态规划设计的基本理论与方法	中国建筑工业出版社	2008
郭泺	民族地区生态规划：生态规划原理与方法	中国环境科学出版社	2009
章家恩	生态规划学	化学工业出版社	2009
刘康	生态规划：理论、方法与应用	化学工业出版社	2011
闫水玉	城市生态规划的理论、方法与实践	重庆出版社	2011
王让会	生态规划导论	气象出版社	2012
章家恩	生态规划的方法与案例	中国环境科学出版社	2012
车生泉和张凯旋	生态规划设计——原理、方法与应用	上海交通大学出版社	2013
严力蛟等	生态规划学	中国环境出版社	2015
王光军和项文化	城乡生态规划学	中国林业出版社	2015
王家骥等	区域生态规划理论、方法与实践	吉林出版集团股份有限公司	2016
赵兵	基于产业视角的流域生态规划研究	科学出版社	2016
石铁矛	城市生态规划方法与应用	中国建筑工业出版社	2018
赵兵	岷江上游生态足迹分析与人居环境优化研究	科学出版社	2018
刘会晓等	小城镇生态规划与可持续发展	中国水利水电出版社	2019
王云才和彭震伟	景观与区域生态规划方法	中国建筑工业出版社	2019
余学芳	河湖生态系统治理	中国水利水电出版社	2019
王琳和王丽	村镇水生态规划方法与策略	科学出版社	2020
李晖	景观生态规划高山峡谷区景观生态规划研究	中国林业出版社	2020

2.2.2 流域生态规划理论

流域是区域的一种特殊形式，它是由无数相互联系、相互作用且相似的地貌单元组成的复合型生态系统。由于流域内部自然要素呈现上、中、下游的规律性分布，具有关联度高、整体性强的特点，同时流域内部自然资源之间、自然资源与自然要素之间、人居环境和自然环境之间都有着天然的组合匹配条件，形成独具特色的区域自然属性，因此在这个系统中，各个组成部分之间的相互作用是异常复杂的。

流域生态系统除了具有一般生态系统的特征外,还具有独有的特征:①河流连续系统。把河流网络看成一个整体系统,强调构成河流的地理结构及其物理化学过程、生物群落功能等在地理空间上的关联,动态过程的连续性作用。②复合生态系统。流域生态系统包括自然、经济和社会三个子系统,包含人口、环境、资源、物资、资金、科技、政策等基本要素。各要素在时间和空间上,以社会需求为动力,以区域可持续发展为目标,通过投入产出链渠道,运用科学技术手段有机组合在一起,构成了一个开放的系统。在这个系统中,自然子系统是基础,经济子系统是命脉,社会子系统是主导,它们通过物质流、能量流、信息流、资金流组成了有序而复杂的复合体系。③陆地-水生生态系统。流域生态系统通常由水域生态系统和陆地生态系统构成,属于典型的水陆交错带,它具有由特定的时间、空间尺度及相邻生态系统相互作用程度所决定的一系列特征。

流域生态系统有两个明显的交错带,一是河岸带,介于河溪和高地植被之间典型的生态过渡带。河岸带在功能上将上游和下游连为一体,在结构上是高地植被和河溪之间的桥梁。尽管河岸植被复杂多变,但常呈斑块状分布,其组成和结构在整个河流连续系统中有一定的规律。二是流域之间交错带,这种交错带一般由山脊和高的丘陵构成。对于小流域或集水区而言,其脆弱性是十分明显的,其类型多为裸露荒地或灌、草丛;而对于大的流域,这种交错带还往往构成不同地带性植被的分水岭。

总之,流域是一个完整的生态系统,流域内各要素间相互影响、相互联系,构成了一个有机的整体。同时,流域又是一个独特的系统,上、下游之间的相互影响具有不对称性。一般而言,上游对下游的影响较大,而下游对上游的影响则较小。因此,流域生态规划一定要尊重流域系统自身的规律,特别是上游地区生态功能的定位直接影响到下游地区的生态安全和经济发展。如果只顾局部利益,不顾整体利益,或只顾单一效益,不顾社会经济生态综合效益,对流域的可持续发展是不利的,甚至是致命的。在流域生态功能定位中既要考虑流域内的生态矛盾,又要考虑经济发展水平的差异,还要注意产业结构的调整,以更有利于今后流域内整体经济的发展。

编制流域生态规划的关键是塑造一个结构合理、功能高效和关系协调的流域生态系统,保护流域区域的生态环境质量状况和提升流域范围内的人居环境水平,促进流域生态系统的可持续发展。其具体内容包括:超稳定的生态系统、高质量的环境系统、高效能的运转系统、高水平的管理系统、完善的流域环境自净系统、高水准的流域人居环境系统。流域生态规划在编制过程中应根据流域实际,将定性和定量相结合,野外收集数据和室内工作相结合,运用因子生态分析、镇村体系分析、社会区分析和景观生态学等研究方法,充分利用遥感数据、地理信息系统技术及空间模拟等先进的方法与技术手段,在水资源承载力评价基础上进行生态环境现状评价(土壤侵蚀、生物多样性、植被丰富性)、生态敏感性评价(土壤侵蚀敏感性、生境敏感性)和生态功能重要性评价(生物多样性、水源涵养重要性、土壤保持重要性),建立生态功能区划指标体系,确定流域生态规划重点领域,形成流域生态规划方案与综合评估,提出流域生态环境管理的措施及方法。

流域生态规划的对象为整个流域生态系统,以流域生态系统为重心,涵盖对流域生态发展有密切关联和重要影响的较大范围区域整体。流域生态规划是以生态学理论和城乡规划学理论为指导,应用科学的方法、手段和技术来改善与维护流域范围的生态功能,统筹安排流域内人类社会活动与生态环境的空间布局,促进流域地区生态、经济、社会、环境协调发展,并与可持续发展相适应的一种规划方法。流域生态规划是联系流域地区区域规划、环境规划及社会经济规划的桥梁,其科学内涵强调规划的关联性、客观性、协调性、整体性和层次性,其目标是追求流域范围的生态文明、经济高效和环境和谐。

2.3　水资源生态规划研究的理论基础

流域是人类生活的重要生境,对人类生存与社会发展起着重要支撑作用。流域水资源评价是个复杂的系统工作,需要从生态水文学角度出发,科学地进行水资源规划,构建流域水资源-社会经济-生态环境复合系统,如图 2-1 所示。

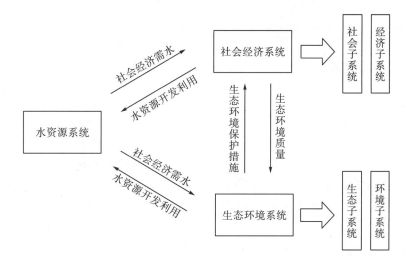

图 2-1　流域水资源-社会经济-生态环境复合系统结构关系图(傅长锋和李发文,2015)

流域水资源-社会经济-生态环境复合系统是以人为主体、要素众多、关系交错、目标功能多样的复杂开放巨系统,具有复杂的时空结构与层次结构,呈现整体性、动态性、非线性、适应性及多维度等特性。水资源作为公共资源,其开发利用势必会涉及社会、经济、生态和环境等多方面因素,这些因素相互作用、相互联系形成了水资源-社会经济-生态环境复合系统。该系统包括社会经济系统、生态环境系统和水资源系统。社会经济系统包括社会子系统和经济子系统;生态环境系统包括生态子系统和环境子系统。

水资源的变化会对生态环境产生正外部性效应或负外部性效应,生态环境的变化又会引起水资源量和质的改变。在生态系统结构中,水资源是生态环境的基本要素,是生态环境系统结构与功能结构的重要组成部分。水资源的合理开发利用能促进生态环境改善,而生态环境的破坏又会影响水资源的可持续利用及水资源系统的动态平衡。水资源与生态环境的关系如图 2-2 所示。

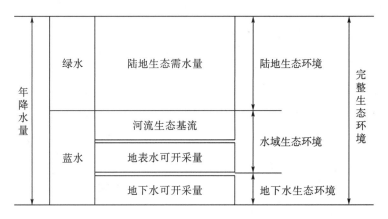

图 2-2   水资源与生态环境的关系(傅长锋和李发文,2015)

2.3.1   生态环境对水资源的影响

1. 陆地生态系统的影响

陆地生态系统是生态环境的重要组成部分,陆地生态系统与降水过程密切相关,土壤表面的形态决定地表径流和下渗之间的划分,土壤特性决定土壤持水能力,植物特性决定土壤水分的吸收能力。土地利用和覆盖类型对降水的分割产生直接影响,它对水资源的有利作用为可涵蓄水分、调节地表径流、控制土壤侵蚀、保护水质和改善水环境等。森林、灌丛、草地三种植被的水文调节功能大小取决于各种植被的具体种类、结构及生长情况。在这三种植被中,山丘区森林植被的水文调节功能最大,但森林植被蒸发需要消耗的水量也相对较大,特别在干旱地区,随着森林覆盖率的增加,流域水量减少较为明显(钱正英,2001b),因此,在该地区绿水量会逐渐增加,蓝水量逐步减少。

2. 水土保持的影响

水土保持包含水分保持和土壤保持两部分。应全面推动水土保持科学发展,防止新的水土流失,有效降低现有水土流失强度,减少水土流失面积,促进水土资源的可持续利用和生态环境的可持续维护,初步建立水土流失综合防治体系。水土保持需消耗一定水量,这会相应减少江河的径流量,这种消耗对湿润地区的影响不大,对干旱与半干旱地区的影响较显著。水土保持能有效减少进入江河的泥沙量,从而减少江河下游的输沙用水。

3. 水环境治理的影响

流域生态系统的好坏对水的自然循环产生影响,使水循环过程发生量变和质变。水环境对陆地水循环的影响包括影响循环速度、滞留时间、降水转化为绿水和蓝水的比例等。随着流域水环境治理措施的实施,河道所需要的生态需水量相应减少,地表水可开采量相应增加。

2.3.2　水资源对生态环境的影响

洪涝灾害会冲毁堤防、淹没农田，引起地下水位上升、土壤盐渍化等问题，给生态环境造成灾害性影响。而水资源短缺同样会导致生态环境恶化，我国水资源比较缺乏的地区大多是生态系统比较脆弱的地带，水资源缺乏致使这些地区草原退化、土地沙漠化、水体面积缩小等，进而引起生态环境的恶化。此外，水质也对生态环境也有影响，主要为水体中的泥沙和污染物对生态环境的影响。其中，水体中的泥沙淤积使下游河道河床抬高、水库库容减小、湖泊变浅等，使生态环境随之改变；水体中的泥沙也可在一定条件下产生对人类有利的影响，如引洪淤灌，肥田造地，形成河口三角洲，增加土地资源等(匡跃辉，2001)。水体中污染物对生态环境的影响主要有：导致水质恶化，影响水生生物的生长和繁殖，威胁水生生物的生存安全，破坏水生生态环境，严重时可影响水体周围城市的工农业生产，甚至威胁居民的饮用水安全(陈家琦和王浩，2002)。在人类活动的强干扰作用下，内陆干旱区二元水循环过程的结构、流通量发生了深刻变化，社会水循环改变了平原盆地水循环过程和分配机制，使人工绿洲耗水量大大增加，导致天然绿洲萎缩和荒漠面积扩大，并使其蒸发量大幅度减少，这种改变使中游水分垂向循环加强，蒸发下渗量加大甚至引发土壤次生盐渍化。下游水平方向径流量减少，天然绿洲及过渡带可利用生态水量大量减少，造成下游河道断流、湖泊萎缩、湿地消失(李丽琴等，2019)。

2.4　最严格水资源管理制度

2.4.1　最严格水资源管理制度的概念

在我国水资源时空分布不均、水旱灾害频繁发生、水污染日趋严重的严峻形势下，建立和发展具有中国特色的水权制度成为新时期水利工作的重要任务，同时也是建立适合社会主义市场经济体制的水资源管理制度的现实需要。近年来，我国在水资源管理制度建设方面取得了突出的成绩，形成了以水量分配、取水许可和水资源论证为主的水权制度体系，并确立了以"三条红线、四项制度"为主体的最严格水资源管理制度。最严格水资源管理制度是一种行政管理制度，它是指根据区域水资源潜力，按照水资源利用的底线，制定水资源开发、利用、排放标准，并用最严格的行政行为进行管理的制度。最严格水资源管理制度的核心由开发、利用、保护、监管四项制度构成，再往下则贯穿了整个水资源工作领域的评价、论证、取水工程管理、计划用水、保护治理、规划配置、监测、绩效考核等若干小制度。

2.4.2　最严格水资源管理制度的内涵

最严格水资源管理制度是以水循环规律为基础的科学管理制度，是在遵守水循环规律的基础上面向水循环全过程、全要素的管理制度；最严格水资源管理制度是对水资源的依法管理，其最终目标是实现有限水资源的可持续利用；最严格水资源管理制度旨在提高水资源配置效率，水功能区达标率的提高是水资源优化配置的必要条件，而用水效率的提高是水资源配置效率提高的外在体现。

2.4.3　最严格水资源管理制度的指导思想

最严格水资源管理主要以"四水四定"原则及人水和谐思想为指导。

1. "四水四定"原则

"四水四定"用水原则是指"以水定城、以水定地、以水定人、以水定产"的用水思路，是我国治水思路的具体落实，也是水资源承载力的落地方向。2021 年 10 月，习近平总书记在深入推动黄河流域生态保护和高质量发展座谈会上强调："要全方位贯彻'四水四定'原则，坚决落实以水定城、以水定地、以水定人、以水定产，走好水安全有效保障、水资源高效利用、水生态明显改善的集约节约发展之路。"从"四水四定"原则出发，最严格水资源管理要通过创新水权、排污权等交易措施，发挥价格机制作用，倒逼各用水主体提升节水效果，将生产端的用水需求与供给端的给水实际有机结合。坚持从系统观念出发，把水资源作为最大的刚性约束，实施岷江上游流域水区深度节水控水，做到"精打细算用好水资源、从严从细管好水资源"，实现流域地区人与自然和谐共生，促进流域生态保护和高质量发展。

2. 人水和谐思想

人与自然和谐相处，是人水和谐思想的基本要求。人水和谐是指人文系统与水系统相互协调的良性循环状态，需要采取一定的措施使人水关系达到和谐状态，也就是说，在水系统自我维持和更新能力不断发展的前提下，要顺应自然规律和社会发展规律，合理开发、有效保护、优化配置水资源，使有限的水资源为人类的生产、生活及社会经济可持续发展提供长久支撑，为和谐社会的构建提供持续保障。其目标就是解决当前水资源短缺的问题，控制水资源开发总量、提高水资源利用效率、限制污水排放总量，从而实现水资源的可持续利用，最终实现人与水的和谐。

2.4.4　最严格水资源管理制度下的三条红线与四项制度

(1)"三条红线"：一是确立水资源开发利用控制红线，到 2030 年全国用水总量控制在 7000 亿 m³ 以内；二是确立用水效率控制红线，到 2030 年用水效率达到或接近世界先进水平，万元工业增加值用水量降低到 40m³ 以下，农田灌溉水有效利用系数提高到 0.6以上；三是确立水功能区限制纳污红线，到 2030 年主要污染物入河湖总量控制在水功能区纳污能力范围之内，水功能区水质达标率提高到 95%以上。

最严格水资源管理制度的核心是确立"三条红线"，其实质是在客观分析和综合考虑我国水资源禀赋、开发利用状况、经济社会发展对水资源需求等基础上，提出今后一段时期我国在水资源开发利用和节约保护方面的管理目标，实现水资源的有序、高效和清洁利用。"三条红线"是国家为保障水资源可持续利用，在水资源的开发、利用、节约、保护各个环节划定的管理控制红线。最严格水资源管理制度是当代治水思路的集中总结,立足于我国水问题而顺势提出的。"三条红线"是最严格水资源管理制度的核心和具体展开,是水资源可持续利用和人水和谐思想的具体体现和进一步细化,为水资源综合管理的实践指明了方向并确立了重点。

(2)"四项制度":一是用水总量控制制度。加强水资源开发利用控制红线管理,严格实行用水总量控制,包括严格规划管理和水资源论证,严格控制流域和区域取水总量,严格实施取水许可,严格实行水资源有偿使用,严格地下水管理和保护,强化水资源统一调度。二是用水效率控制制度。加强用水效率控制红线管理,全面推进节水型社会建设,包括全面加强节约用水管理,把节约用水贯穿于经济社会发展和群众生活生产全过程,强化用水定额管理,加快推进节水技术改造。三是水功能区限制纳污制度。加强水功能区限制纳污红线管理,严格控制河湖排污总量,严格水功能区监督管理,加强饮用水水源地保护,推进水生态系统保护与修复。四是水资源管理责任和考核制度。将水资源开发利用、节约和保护的主要指标纳入地方经济社会发展综合评价体系,县级以上人民政府主要负责人对本行政区域水资源管理和保护工作负总责。

最严格水资源管理的"四项制度"是一个整体,用水总量控制制度、用水效率控制制度、水功能区限制纳污制度是实行最严格水资源管理的具体内容,水资源管理责任和考核制度是落实前三项制度的基础保障。只有在明晰责任、严格考核的基础上,才能有效发挥"三条红线"的约束力,实现最严格水资源管理制度的目标。用水总量控制制度、用水效率控制制度、水功能区限制纳污制度相互联系,相互影响,具有联动效应,任何一项制度缺失,都难以有效应对和解决我国目前面临的复杂水资源问题,难以实现水资源有效管理和可持续利用。

2.5　流域水资源生态规划研究意义

水资源生态规划是实施水资源管理的基本依据。水资源规划管理主要依据水资源环境承载能力,遵循水资源系统自然循环功能,按照社会经济规律和生态环境规律,运用法规、行政、经济、技术、教育等手段,通过全面系统的规划,优化配置水资源,对人们的涉水行为进行调整与控制,保障水资源开发利用与社会经济持续发展。由此可见,水资源生态规划的目的是控制水的需求和增加水的供给,对有限的径流性水资源进行优化配置。

人类对自然规律认识的局限性,在改造自然时,也对环境带来了一定的负面影响,其中最突出的就是对流域生态环境的破坏,使原有的自然水生态系统逐步退化,生态环境的协调性变差,水体的循环演替功能消失,导致流域水体失去了自净功能而逐步恶化、环境污染加剧等许多生态环境问题。

随着经济社会的发展,岷江上游流域水资源也存在着一些生态环境问题。例如,水资源综合利用水平低,枯水期供需矛盾突出;地质不稳定性与地表脆弱性在一定时期仍然存在;城乡环境虽然总体改善,但工农业污染治理仍需加强;部分敏感地带仍然脆弱,生态环境有待恢复;森林退缩、水土流失局面虽已得到根本性控制,但生态功能的恢复仍需努力；乱垦过牧、鼠虫灾害依然局部存在，草原生态局部恶化趋势风险仍在。在岷江上游流域水资源的综合利用过程中，存在缺乏相关部门的统一管理、水电企业缺乏科学管理、枯水期供需矛盾突出，以及水资源环境保护法治建设薄弱等问题。

社会的发展离不开资源、环境的保障和支撑，而资源与环境之间既相互统一，又彼此制约，它们共同构成了区域发展潜力和远景目标的物质基础和条件。生态流域建设规划需要系统地分析区域的资源环境承载力，合理地建立社会经济发展目标和环境承载力之间的相应关系，在此基础上，还要统一社会资源和自然资源，合理地开发和利用土地资源、水资源和环境资源，科学提出区域发展的远景目标。

目前来讲，各相关部门都制定了大量的专业规划，有些规划侧重于经济发展，有些规划侧重于土地利用或城市建设，有些规划侧重于生态环境保护。不同规划之间缺少沟通和协调，存在一定的交叉、重复或矛盾。水资源生态规划涉及多个方面，因此，制定流域范围水资源生态规划的统一布局是为了实现"多规合一"的目的，将优化生态空间的理念贯穿其中，把散落在不同管理部门的专业规划有机地结合起来，在生态规划的大平台上，构建科学合理、有机联动的发展规划体系，最终实现经济发展、水资源高效利用和环境保护的统筹协调。

第3章 岷江上游流域水资源

3.1 岷江上游流域水资源概况

岷江上游地区位于阿坝藏族羌族自治州东南部,包括汶川县、理县、茂县、松潘县、黑水县五县,东面与北川县、安州区、绵竹市交界,南接崇州市、大邑县,西连红原县、马尔康市,北与九寨沟县、若尔盖县接壤。2017 年岷江上游降水总量为 233.09 亿 m^3,比常年(多年平均,下同)增加 4.7%;地表水资源量为 149.42 亿 m^3,地下水资源量为 38.75 亿 m^3,水资源总量为 421.26 亿 m^3,人均水资源量为 45440m^3。2017 年岷江上游流域总用水量 2.12 亿 m^3,比上年减少 0.27 亿 m^3。供水量中地表水源占 92.5%,地下水源占 7.5%。用水量中农业用水 1.15 亿 m^3,占用水总量的 54.2%;工业用水 0.23 亿 m^3,占用水总量的 10.8%;生活用水 0.72 亿 m^3,占用水总量的 34.0%;生态用水 0.02 亿 m^3,占用水总量的 0.9%。

3.1.1 岷江上游流域水资源的基本状况

岷江作为长江上游的一级支流,发源地在四川省与甘肃省相交处的岷山南麓,松潘县北方弓杠岭隆板棚,源头分为东源和西源,东源起于弓杠岭,为流经漳腊的漳金河;西源起于郎架岭,为流经黄胜关的羊洞河。两源于松潘县川主寺镇虹桥关汇合,沿岷山山脉向南行进,干流由北向南出松潘,经茂县、汶川至都江堰进入成都平原,呈极不对称的树枝状水系,平均比降 8.2‰,出口处年平均流量 452m^3/s。岷江上游流域生态地位极其重要,这里既是世界自然遗产地及国家级自然保护区所在区域,还是经济发展相对滞后的山区,也是长江上游生态屏障的重要部分,更是成都平原的重要水源地和生态屏障区(图 3-1)。

岷江上游流域的水资源主要为符合生活和生产用水需要的河川径流。岷江上游流域水资源特征主要反映在河川径流的时空分布和实际变化上。近年来水文测试数据显示,岷江上游流域的河川径流量年循环变化特征明显,但又具有不重复的逐年流量变化特征,因此可以把每年的最大、最小和平均径流量,以及各相同时期的时段径流量等各种特征值作为随机现象研究。

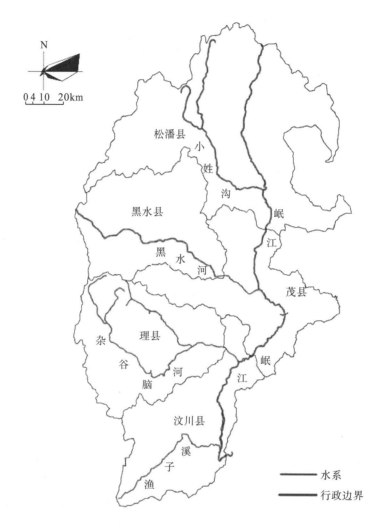

图 3-1 岷江上游流域水系分布图

3.1.2 岷江上游流域地表水资源量、地下水资源量及水资源总量

地表水资源量指评价区内河流、湖泊、冰川等地表水体中可以逐年更新的动态水量，即当地天然河川径流量(龚勤林和曹萍，2014)。2017 年岷江上游流域地表水资源量为 149.42 亿 m³。从行政分区来看，汶川县、理县、茂县、松潘县、黑水县共 5 个县地表水资源量较年均水资源量有所减少，其中，汶川县减少 11.0%，理县减少 19.7%，茂县减少 20.4%，松潘县减少 9.0%，黑水县减少 16.5%。2017 年岷江上游流域地表水资源量与 2016 年及年均水资源量比较见表 3-1。

2000~2017 年岷江上游流域水资源总量变化过程见图 3-2，其中 2006 年岷江上游流域水资源总量处于最低位。

表 3-1　2017 年岷江上游流域地表水资源量与 2016 年和年均水资源量比较

地区	地表水资源量/亿 m³	与 2016 年比较/%	与年均水资源量比较/%
汶川县	92.88	-4.3	-11.0
理县	78.75	11.7	-19.7
茂县	47.12	6.3	-20.4
松潘县	127.98	5.9	-9.0
黑水县	74.53	12.7	-16.5

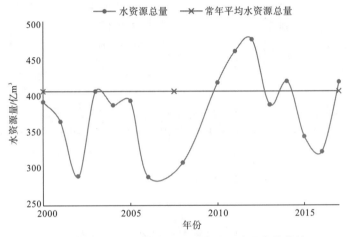

图 3-2　水资源总量与常年平均水资源总量变化趋势

2017 年，从其他流域流入岷江上游的水量为 57.61 亿 m³。从岷江上游流域流出到其他流域的水量为 157.82 亿 m³。与常年比较，2017 年，流入岷江上游流域水量增加 10.61 亿 m³，流出岷江上游流域水量增加 22.30 亿 m³。

地下水资源量是指地下饱和含水层逐年更新的动态水量，即降水和地表水入渗对地下水的补给量(周婷等，2021)。在山丘特殊地形采用排泄量法来计算，得到 2017 年岷江上游流域地下水资源量为 38.75 亿 m³。

水资源总量是指当地降水总量、地表水资源量和地下水资源量之和。据统计，2017 年，岷江上游流域水资源总量为 421.26 亿 m³，比常年水资源量增加 3.2%。岷江上游流域产水总量占降水总量的 58.7%，平均每平方千米产水量为 49.37 万 m³。2017 年岷江上游流域各行政分区水资源总量见表 3-2。

表 3-2　2017 年岷江上游流域水资源量

地区	降水总量/亿 m³	地表水资源量/亿 m³	地下水资源量/亿 m³	水资源总量/亿 m³	人均水资源量/m³
汶川县	54.6	30.4	7.88	92.88	39590
理县	41.75	29.38	7.62	78.75	66083
茂县	26.53	16.35	4.24	47.12	14570
松潘县	70.78	45.42	11.78	127.98	60463
黑水县	39.43	27.87	7.23	74.53	46969

资料来源：阿坝藏族羌族自治州水务局(http://shwj.abazhou.gov.cn/)。

2017 年，岷江上游流域人均水资源量为 45440m³。理县、松潘县、黑水县三县人均水资源量高于该流域平均值，汶川县、茂县两县人均水资源量均低于该流域平均值。

3.1.3 岷江上游流域地表水与地下水资源系统的特征

1. 岷江上游流域地表水资源的基本情况和特征

岷江上游流域的水资源主要为符合生活和生产用水需要的河川径流。岷江上游流域水资源特征主要反映在河川径流的时空分布和实际变化上。根据多年水文实测资料，岷江上游流域的河川流量变化呈明显的年循环特征，但逐年的流量变化具有不重复性，因此可以把每年的最大、最小和平均径流量，以及各相同时期的时段径流量等特征值作为随机现象研究。而长时间系列的平均径流量，则是从宏观上认识岷江上游流域水资源规模的重要特征值。

岷江上游流域年降水量为 494.8～1332.2mm，降水时空分布不均。岷江上游流域地区干湿季分明，5～10 月为雨季，雨季降水占全年降水量的 80%以上，11 月至次年 4 月为旱季，降水量仅占全年的 20%左右。岷江上游流域核心区五县的可利用水资源量有较大的差异(表 3-3)。岷江上游流域地区山区降水量比较大，融雪补给径流是该地区水资源的重要组成部分。

表 3-3　岷江上游流域地表水资源统计表

流域范围	地区	地表水资源量统计参数			地表水资源量设计值/亿 m³			
		水资源量/亿 m³	C_v	C_s	p=20%	p=50%	p=75%	p=95%
岷江上游流域	汶川县	30.94	0.13	0.25	35.08	30.59	27.36	23.27
	理县	31.81	0.09	0.19	34.74	31.63	29.30	26.26
	茂县	20.23	0.10	0.21	22.32	20.11	18.45	16.29
	松潘县	46.78	0.10	0.20	52.63	46.28	41.72	35.96
	黑水县	29.02	0.10	0.19	31.94	28.84	26.52	23.49

资料来源：阿坝藏族羌族自治州水务局(http://shwj.abazhou.gov.cn/)。

作为成都平原的饮用水源和基本农田灌溉用水水源，岷江上游流域水资源的质量应给予高度重视。在岷江上游流域共布设了 26 个地表水水质监测断面(国控和省控)，收集数据由四川省生态环境监测总站进行分析。统计分析表明，岷江上游流域水资源质量优良，达Ⅰ类水质标准，全流域符合Ⅱ类水质标准，在我国中等以上流域中是属于水质较好的。

根据都江堰水文站实测数据，近几十年来，岷江上游来水量总体上呈下降趋势，但从水资源总量来看，岷江上游地区水资源总量比较大，河道大部分经深山峡谷，河流落差大，水源年内分布不均，降水空间分布不均匀。因此，岷江上游流域水资源的特点是水量丰富、时空分布不均匀、存蓄性差。

2. 岷江上游流域地下水资源的基本情况和特征

江河、湖泊、井、泉等水资源是发展国民经济不可缺少的重要自然资源，也是人类赖以生存、繁衍和发展的基本条件。区域内地下水多属于弱酸性软水，个别为硬水，且大多无色、无味，可分为有孔隙水、裂隙水和岩溶水三类。

(1) 孔隙水。孔隙水主要分布在高原北部红原—若尔盖草原地区，其富集程度受堆积物质组成、厚度、结构的影响。

(2) 裂隙水。岷江上游流域变质岩广泛分布，故裂隙水以变质岩裂隙水居多。裂隙水主要接受大气降水、冰雪融水的补给，径流途径不长，常在地形低洼处、坡脚沟旁及断裂带以泉的形式排泄。

(3) 岩溶水。岩溶水主要分布在松潘边缘—九寨沟一带，含水岩组主要为泥盆系、石炭系、二叠系及下三叠统的碳酸盐岩。

岷江上游流域水资源具有以下特征：①资源的时间分布不均，具有明显的季节性。全年有 80%左右的降水量集中在每年的 6～9 月，而用水量较大月份是在 4～6 月，这时降水量明显偏少，只占全部降水量的 20%。枯水期长，径流洪水下泄大，水资源的有效利用没有得到保证，在时间上较难做到水量平衡。②水资源的分布具有明显的区域性。从岷江上游流域水资源遥感图可以看出，平原区水资源丰富，山丘地区水源相对较少，而在高山地区，水以泉水涌流为主。根据《2017 年四川省水资源公报》(四川省水利厅，2018)，目前，岷江上游流域大部分生产生活用水来自地下水，尤其是山区地下水，占整个岷江上游流域区域总水资源量的 2/3 左右。③水资源总量具有明显的稳中有升趋势。近年来，由于岷江上游流域综合整治和生态环境保护工作的开展，该区域降水量逐渐增加，岷江上游水资源总量也呈现出不同程度的上升趋势，主要原因是其来水量增加和地下水资源储量也在不断地增多。

3.1.4 岷江上游流域地表水和地下水的相互转化

1. 天然条件下地表水与地下水的转化过程

天然条件下，岷江上游流域自上游山区至下游盆地地表水与地下水存在这样的转化过程：地表水接受大气降水的补给，流出山口以前，绝大部分都排泄于河谷而转化为河水进入下游，河水渗漏转化为地下水，至下游地区的深山峡谷地带直到水位大部分蒸发，形成一个完整的水循环过程。

2. 人类活动干扰下地表水与地下水的转化过程

在人类活动干扰下，各种节水措施大规模推广应用，引水量增大引起地表水与地下水的转化量、转化特征明显变化，极大改变了原来的天然状况。

3.1.5 岷江上游流域水资源情势分析

2017 年岷江上游水资源总量为 421.26 亿 m³，比常年水资源量增加 3.2%，比 2016 年增加 29.6%。岷江干流比常年水资源量减少 14.0%；从行政分区分析，汶川、理县、茂县、松潘、黑水共 5 个县水资源总量较常年水资源量有所增加。2017 年岷江上游降水量为 233.09 亿 m³，比 2016 年增加 17.8%，比常年水资源量增加 4.7%。从行政区划来看，比常年降水量增加的有汶川，而理县、茂县、松潘、黑水比常年降水量减少。

3.2 岷江上游流域降水强度与历时的解析关系

由于岷江上游流域为相对起伏较大的山地地貌，气象指标空间变化大，高山垂直分异明显，大部分地区属于山地亚寒带和山地温带气候类型，海拔 1500m 以上为亚热带干湿性干旱河谷，该区域受西风环流、东南季风、西南季风影响，有明显的干湿季节，雨季降水可占全年降水的 80% 以上。岷江上游流域干流约长 340km，流域面积约为 25426km²，水资源主要补给来源为降水，也有一定的高山融雪补给。

3.2.1 岷江上游流域降水量空间分布

在岷江上游流域水文模型中，降水量是模型最重要的数据之一。由于气象站点布设的局限性，绝大多数空间位置上的数据是无法直接获取的，需要通过空间插值法获得。雨量站观测的降水量只代表该点处的降水量，而形成河川径流的则是整个流域上的降水量，对此可用面雨量，即岷江上游流域平均雨量来反映。与岷江上游流域地区降水量相关性最强的雨量观测站共有四个(松潘、镇江关、沙坝、桑坪)，将岷江上游流域划分为若干栅格，以四个站的降水量数据为基准值，用插值法中的距离平方反比加权插值法得到研究区域内其他栅格的降水量。

距离平方反比加权插值法是一种确定性插值方法，它基于相近相似原理，即两个地区离得越近，其自然条件就越相似；反之，则相似性越小。距离平方反比加权插值法的公式如下：

$$z(s) = \left(\sum_{i=1}^{N} \frac{z_i}{d_i^2} \right) \bigg/ \left(\sum_{i=1}^{N} \frac{1}{d_i^2} \right) \tag{3-1}$$

式中，$z(s)$ 为 s 处的预测值；N 为预测计算过程中使用的样本数量；z_i 为第 i 个样点的值；d_i 为插值点到已知点 i 的距离。

由气象站降水量资料计算出各站测得的年平均降水量，进而采用距离平方反比加权插值法得到岷江上游流域年平均降水量，如图 3-3 所示。

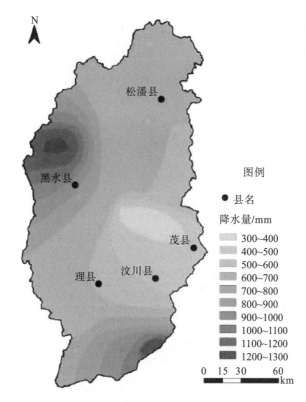

图 3-3　岷江上游流域年平均降水量分布图

通过对图 3-3 进行分析可知，岷江上游流域北部和西北部为寒冷高原季风气候区，区域内太阳辐射强烈、日照长、日温差大、年温差小，且降水量相对较少；中部为干燥少雨的干旱河谷气候区，降水量为全流域最少，且由其他水文资料可知，其汛期(5～9 月)降水量占全年的 80%～90%，降雨日数约为 150 天，干湿分明，年水面蒸发量为年降水量的 2～3 倍，降水不均带来局部干旱，多暴雨气候造成水土流失严重；东南部区域气温高、湿度大、雨日多、雨量大、日照少，年均降雨日数约 200 天，年水面蒸发量为年降水量的 0.5 倍，气候湿润，相对湿度达 80%左右，该区植被生长良好，且农业发达。但岷江上游流域地形差异造成雨水不均，引起部分区域发生山地灾害。

3.2.2　岷江上游流域降水量历时分析

1955～2017 年，岷江上游流域的年降雨呈丰枯交替的变化，且具有下降的趋势，但下降趋势不明显。整个岷江上游流域最大年降水量出现在 1992 年，为 892.12mm；最小年降水量出现在 2002 年，为 549.09mm。由各时段年代均值对比分析可知，从 20 世纪 50 年代中期至 20 世纪 70 年代中期，年代均值下降，从 20 世纪 70 年代中期至 20 世纪 90 年代中期，年代均值均处于降雨均值以上，20 世纪六七十年代中期，年代均值处于降雨均值以下；20 世纪 90 年代中期以后，年代均值呈下降趋势且处于降雨均值以下；从 20 世纪 90 年代以后至 2017 年，年代均值下降趋势逐步明显，如图 3-4 所示。

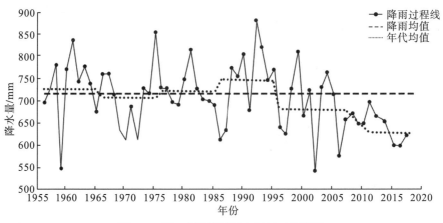

图 3-4 岷江上游流域降水量历时分析图

3.2.3 岷江上游流域年降水量变化分析

2017 年岷江上游流域水资源分区降水量与 2016 年和常年平均降水量比较见表 3-4。

表 3-4 2017 年岷江上游流域水资源分区降水量与 2016 年、常年平均降水量比较

地区	降水量/mm	与 2016 年比较/%	与常年平均降水量比较/%
阿坝藏族羌族自治州	840.4	17.8	4.7
汶川县	1315.1	10.1	4.6
理县	953.9	19.6	−17.3
茂县	673.9	25.2	−14.9
松潘县	809.1	18.0	−12.0
黑水县	944.8	18.2	−16.2

岷江上游流域位于海陆季风区与高原季风区的过渡区域，受地形影响，全年降水分配不均，5～10 月受海陆季风影响为湿季，降水占全年的 85%，相对湿度大于 70%，11 月～次年 4 月受西风环流冷空气影响为旱季，降水稀少，相对湿度在 60% 以下，如图 3-5 所示。

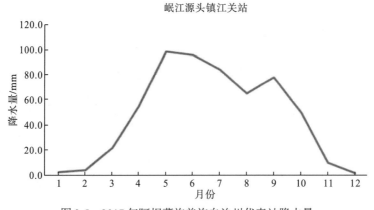

图 3-5 2017 年阿坝藏族羌族自治州代表站降水量

3.2.4　岷江上游流域降雨与地质灾害的关系

降雨(特别是暴雨)是地质灾害发生的重要诱因,连续强降雨增加岩体容重,改变其内应力,导致崩塌、滑坡。从岷江上游流域多年平均降水量分布情况可以看出,红原草原和都江堰市形成两个多降雨中心,并逐渐向中部汶川县、茂县递减,但是从本书研究区域的泥石流分布来看,泥石流沟主要分布在降水量小于或等于 500mm 的区域,恰好在岷江上游流域中东部少雨区,其中以松潘县镇江关以南,经茂县凤仪镇至汶川县绵虒镇的岷江干流干燥少雨的干旱河谷地区为典型。该区域全年降雨虽少,但汛期降雨集中易造成严重的地质灾害(图 3-6)。

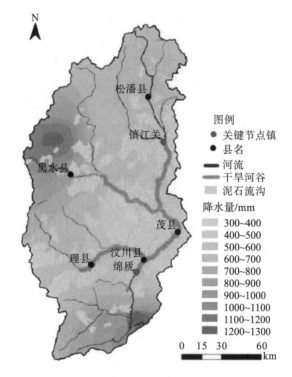

图 3-6　岷江上游流域年降水量与地质灾害关系分布图

3.3　流域水资源研究

国内有关水资源的研究主要关注水资源配置、水资源承载力、水资源评价、水资源经济和水资源管理等多个方面,本书主要以水资源配置研究和岷江上游流域水资源相关研究为重点进行阐述。

3.3.1　水资源配置研究

水资源配置是在水资源总体规划与管理过程中,利用各种工程或非工程措施,充分协调水资源与社会、经济、生态、环境等要素的关系，提高水资源与之相适应的匹配程度，实现水资源合理利用。水资源配置必须以流域水循环过程为载体。随着人类活动对流域水循环过程的影响日益加剧，基于现代变化环境的流域"天然—人工"二元水循环模式应运而生。

流域"天然—人工"二元水循环模式是由中国水利水电科学研究院王浩院士提出的，它强调了流域水循环过程的"天然—人工"二元特性，包括以下三个方面：一是在流域水循环驱动力基础上，由过去的一元自然驱动演化为现在的"天然—人工"二元驱动；二是在流域水循环结构上，由过去的天然水循环过程演化为现在的"大气降水—天然蒸发—地表下渗—坡面汇流—河川径流"自然循环和"供水—用水—耗水—排水"人工侧支循环相耦合的二元水循环过程；三是在流域水循环参数上，由过去的单一取决于下垫面条件的自然参数演化为同时取决于自然参数和水资源开发利用的社会经济参数的二元模式（王浩和贾仰文，2016）。

流域"天然—人工"二元水循环模式是针对现代人类用水矛盾日益突出的变化环境提出的。基于"天然—人工"二元水循环模式的水资源研究，是在得到水文实测资料后，将自然驱动项与人工驱动项分离，但同时保持两者间的动态耦合关系，进而对两类分项进行研究。这种研究模式是面向现代变化环境下，对人类活动强烈干扰下的流域所采用的研究模式。

自20世纪80年代以来，我国对流域水资源配置进行了深入研究和实践，取得了丰硕的科研成果。随着对水资源系统认识的深入，流域水资源配置的思路和理论也逐步完善，大致经历了基于宏观经济的水资源配置、面向生态的水资源配置和水量与水质联合配置等三个阶段。

国内水资源优化配置理论发展迅速，所取得的研究成果主要集中在区域水资源优化配置、流域水资源优化配置及跨流域水资源优化配置等几个方面，可持续利用的水资源优化配置理论也取得了部分成果（顾世祥和崔远来，2013）。水资源优化配置的常用方法有线性规划模型、非线性规划模型、动态模型、大系统优化理论和模拟技术等。

3.3.2 岷江上游流域水资源相关研究

张自荣等（1988）提出岷江水资源的开发方向必然要从以服务农业为主转为为国民经济全面服务，实行多目标、多功能综合开发和水源涵养相结合的方针，以获得最大的社会经济和生态效益。

许敬梅（2006）对水资源承载力的概念、岷江上游地区水资源承载力研究的内容与方法、目的与意义作了详细的阐述，采用常规趋势分析法和多目标方法，定量分析岷江上游流域地区的水资源承载力。最终认为水资源的管理应对流域内的水资源进行统一配置，抓好地表水资源与地下水资源的综合利用，提高地区的水资源调蓄能力，解决好枯水期的用水矛盾，从各方面来提高水资源承载力。节水是提高水资源承载力最重要的方面。

徐留兴（2006）基于小波分析法，揭示了岷江上游年径流长期的多时间尺度变化特征，根据紫坪铺水电站水文数据与岷江上游流域自然、社会和经济等的相关性，建立了偏最小二乘回归的紫坪铺年径流量预测模型。运用现代新理论、新方法，多途径地研究了岷江上游流域年径流长期变化特性，并预测岷江上游流域径流的未来变化。

丁海容等(2007)针对岷江流域水资源的开发利用程度、现状及系统存在的问题，提出该流域的水资源可持续利用对策，采取树立可持续利用观念、推进节水型社会建设、健全水资源统一调度与管理机制、调整流域产业结构、慎重水利工程投入等措施，促进流域水资源的可持续利用，从而保障整个流域系统的可持续发展。

张冬贵(2012)从自然环境条件和水源区特征入手，对岷江上游流域水源区区域地质背景进行研究，主要分析该地区生态环境条件、水资源利用现状、地质构造特征、地层岩性特征，以及"5·12"汶川大地震对水源区的影响，以水资源承载能力、水资源优化配置和水资源科学管理模式的基本理论为基础，对水资源可持续利用进行研究。

杨沼(2014)提出岷江上游流域水资源保护利用存在的主要问题，认为充分利用岷江上游丰富的水资源，是解决供水不足的根本途径。据此，其提出大力开展水土保持工作，保护生态屏障，合理利用水资源，解决时空水量分布不均和供水分布不平衡的矛盾，以满足各方面对水的需求。

赵兵(2015b)运用水资源生态足迹法对岷江上游流域水资源量进行测算。结果显示，岷江上游流域水资源生态足迹应从水量、水能和水体三方面满足流域的直接需求，构建水资源合理开发、有效利用与全面保护策略，从而全面推进岷江上游流域生态产业体系建设。

赵兵(2015a)提出岷江上游地区生态屏障体系建设的原则、依据与目标，为解决目前岷江上游流域存在的水资源综合利用水平较低，枯水期供需矛盾突出等基本生态问题，通过水资源综合优化配置基础上的生态屏障建设，使水资源得到合理利用，水能资源得到适度开发，水体质量达到国家标准，使该区域的资源环境得到有效保护。

翟红娟和王培(2018)提出岷江上游流域应以生态恢复和保育为主，采取保障下泄流量的措施；中游应针对水污染和缺水问题采取逐步改善水环境、节水等措施，保障水资源供给；下游水资源开发利用过程中应重点采取水生生物及其栖息地保护、保障粮食供给等措施，以推进岷江流域水资源开发与生态保护。

刘千里等(2019)对岷江上游流域干旱河谷 10 种生态恢复树种盆栽苗木的光合、荧光以及水分生理特征等进行比较，分析不同植物在干旱地区的光合作用情况、光合生理特征和水分生理特征，认为用具有较高光合速率和水分吸收能力的白刺花等阔叶型树种及抗逆性更强的岷江柏等针叶型树种造林更为适宜。

蒙作主(2019)以岷江杂谷脑上游流域为例，综合运用多元线性法与机器学习法两种方法构建研究区植被冠层生态水遥感定量反演模型，揭示川西高原陆表植被生态水的基本情况，为岷江上游流域生态环境保护及修复提供可靠的理论与技术支持。

梁淑琪等(2020)基于紫坪铺水电站 1937～2018 年月径流资料，运用曼-肯德尔(Mann-Kendall)趋势检验法、斯皮尔曼(Spearman)法、重标极差(R/S)分析法、有序聚类法和小波分析法等方法分析岷江上游流域径流的年内、年际变化特征，丰枯特性，趋势性，突变性及周期性，得出岷江上游流域径流年内分配由远及近呈均匀到不均匀再到均匀转变的特征。

从目前发表的研究文献来看，国内学者对岷江上游流域水资源生态规划模型与优化配置等方面开展的系统研究极少，几近空白。大多从岷江上游流域水资源的承载、开发、利用和保护等方面进行研究，现有的一些研究也显得比较散乱，缺乏对该流域水资源的系统规范化研究。

3.4 岷江上游流域水资源利用情况

3.4.1 基本情况

  岷江是长江上游重要的支流。根据地形地貌和河道特征，以都江堰和大渡河河口为分界点，将岷江干流分为上游、中游、下游河段。岷江上游有东西两源，左右两岸分出数条支流，其河谷地貌以高山峡谷为主，高山峡谷所占地形比例达 90%以上，仅沿河谷分布有少量平地，河流总体特征为纵横交错、河流深切、水流湍急(图 3-7)。

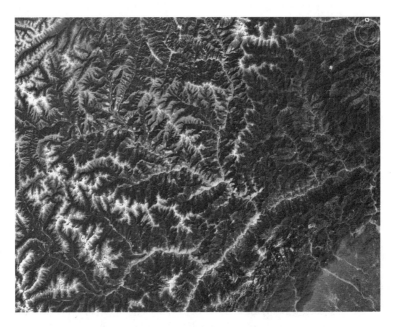

图 3-7 岷江上游流域区域卫星图(2021 年谷歌卫星地图)

  岷江上游流域各支流详细情况如下。

  小黑水是岷江西源左岸一级支流，发源于四川省松潘县燕云乡卡龙村，流经松潘县红土镇，黑水县卡龙镇、知木林镇，于黑水县知木林镇知木林村汇入岷江。干流全长 70km，流域面积 593.8km^2，河流平均比降 22.9‰，多年平均年降水量 778.1mm，多年平均年径流深 464.6mm，河口多年平均流量 8.75m^3/s。

  赤不苏河是岷江西源右岸一级支流，发源于四川省茂县赤不苏镇后村，流经黑水县瓦钵梁子乡，于茂县赤不苏镇二不寨村汇入岷江西源。干流全长 57km，流域面积 762.7km^2，河流平均比降 29.1‰，多年平均年降水量 1087.2mm，多年平均年径流深 723.1mm，河口多年平均流量 17.5m^3/s。

草坡河是岷江右岸一级支流，发源于四川省汶川县绵虒镇沙排村，于汶川县绵虒镇和谐新村汇入岷江。干流全长 41km，流域面积 527.4km²，河流平均比降 44‰，多年平均年降水量 901.4mm，多年平均年径流深 634.2mm，河口多年平均流量 10.6m³/s。

寿溪河是岷江右岸一级支流，发源于四川省汶川县三江镇席草村，流经汶川县水磨镇、漩口镇，于汶川县漩口镇群益村汇入岷江。干流全长 59km，流域面积 600.9km²，河流平均比降 20.9‰，多年平均年降水量 1510.1mm，多年平均年径流深 1166.6mm，河口多年平均流量 22.2m³/s。

打古河是大黑水左岸一级支流、岷江西源右岸二级支流，发源于四川省黑水县芦花镇三达古村，流经黑水县沙石多镇，于黑水县沙石多镇昌德村汇入大黑水。干流全长 51km，流域面积 608.5km²，河流平均比降 35.1‰，多年平均年降水量 1174.1mm，多年平均年径流深 700.2mm，河口多年平均流量 13.5m³/s。

德石窝沟是大黑水右岸一级支流，发源于黑水县芦花镇二古鲁村，于黑水县芦花镇德石窝村汇入大黑水。干流全长 30km，流域面积 220.6km²，河流平均比降 48‰，多年平均年降水量 1214.1mm，多年平均年径流深 759.1mm，河口多年平均流量 5.32m³/s。

漳腊河是岷江北源左岸一级支流，发源于四川省松潘县川主寺镇安备村，于松潘县川主寺镇漳腊社区汇入岷江北源。干流全长 44km，流域面积 647.1km²，河流平均比降 15.6‰，多年平均年降水量 824.8mm，多年平均年径流深 473.2mm，河口多年平均流量 9.71m³/s。

松坪沟是岷江北源右岸一级支流，发源于四川省茂县叠溪镇松坪沟村，于茂县叠溪镇较场村汇入岷江北源。干流全长 41km，流域面积 507km²，河流平均比降 30.9‰，多年平均年降水量 638.4mm，多年平均年径流深 256.5mm，河口多年平均流量 4.12m³/s。

胆杂木沟是杂谷脑河右岸一级支流，发源于理县杂谷脑镇烧茶坪，于杂谷脑镇营盘社区汇入杂谷脑河。干流全长 12km，流域面积 61.5km²，河流平均比降 68.2‰，多年平均年降水量 1211.8mm，多年平均年径流深 925.8mm，河口多年平均流量 1.81m³/s。

打色尔沟是杂谷脑河右岸一级支流，发源于理县杂谷脑镇狮子岩窝，于杂谷脑镇官田村汇入杂谷脑河。干流全长 21km，流域面积 67.2km²，河流平均比降 46.5‰，多年平均年降水量 1189.3mm，多年平均年径流深 873.2 mm，河口多年平均流量 1.13m³/s。

梭罗河是杂谷脑河右岸一级支流、岷江右岸二级支流，发源于四川省理县朴头镇梭罗沟村，于理县朴头镇四南达村汇入杂谷脑河。干流全长 41km，流域面积 615.7km²，河流平均比降 33.2‰，多年平均年降水量 1351.8mm，多年平均年径流深 955.8mm，河口多年平均流量 18.66m³/s。

孟屯沟是杂谷脑河左岸一级支流、岷江右岸二级支流，发源于四川省理县上孟乡木尼村，流经理县下孟乡、薛城镇，于理县薛城镇沙金村汇入杂谷脑河。干流全长 62km，流域面积 992.2km²，河流平均比降 32‰，多年平均年降水量 1280.9mm，多年平均年径流深 932.1mm，河口多年平均流量 29.33m³/s。

正河是渔子溪左岸一级支流、岷江右岸二级支流，发源于四川省汶川县耿达镇龙潭村，于汶川县耿达镇龙潭村汇入渔子溪。干流全长 43km，流域面积 629.5km²，河流平均比降 54.2‰，多年平均年降水量 1434.2mm，多年平均年径流深 1020.7mm，河口多年平均流量 20.4m³/s。

3.4.2　取水口分布情况

小黑水沿岸有卡龙镇、知木林镇,河道两岸有 12 个村庄供水取水口和 2 个农灌取水口,共 14 个取水口,均为规模以下取水口。供水人口约为 4200 人,全年生活饮用水供水总量约为 15 万 m^3。

赤不苏河流经黑水县瓦钵梁子乡,沿岸有城乡供水取水口 25 个,年取水总量约为 137 万 m^3,供水人口约为 10000 人,灌溉面积约为 7200 亩(1 亩≈666.67m^2)。

草坡河位于四川草坡省级自然保护区内,流域内植被茂密,以保护大熊猫及其生态系统为主。沿岸村庄饮用水以山泉水为主,草坡河基本无取水口。

寿溪河流域内有汶川县三江镇、水磨镇。流域内有规模以上取水口 1 个,为漩口镇四川川西磁业有限责任公司工业取水口。沿岸村庄供水水源主要为寿溪河支流山泉水和岩溶水。河道沿岸三江镇供水取自中河,水磨镇用水取自寿溪河支流大岩洞。

打古河两岸无乡镇分布,仅有 1 处村庄供水取水口,供水人口 420 余人,年供水量约 1.5 万 m^3。

德石窝沟共有取水口 3 个,其中规模以上取水口 1 个,规模以下取水口 2 个。规模以上取水口为黑水县自来水厂取水口,位于哈姆湖湖口下游 200m,德石窝沟左岸;2 个规模以下取水口均为农村饮水安全工程取水口。

漳腊河两岸有松潘县川主寺镇场镇,前往九寨沟风景区主要道路 S301 省道位于漳腊河两岸。根据调查,漳腊河取水口共 10 个,其中规模以上取水口 3 个,规模以下取水口 7 个。除 1 个取水口为农灌取水口外,其余 9 个取水口均为城乡供水取水口。规模以上取水口主要为川主寺镇场镇供水取水口和九寨黄龙机场取水口。

以上城乡供水取水口中,川主寺镇和九寨黄龙机场取水口均划定有乡镇饮用水水源保护区,其余规模以下乡镇供水划有饮用水水源保护范围。川主寺镇和九寨黄龙机场取水口供水人口均在 1 万人以上,年供水总量 300 万余立方米。

松坪沟流经茂县叠溪镇,有规模以下取水口 5 个,均为农村饮水安全工程取水口,年取水总量约为 7 万 m^3,供水人口约为 1300 人。

胆杂木沟共有取水口 4 个,其中规模以上取水口 1 个,规模以下取水口 3 个。规模以上取水口为理县自来水厂取水口;3 个规模以下取水口均为农村饮水安全工程取水口,用于村庄人饮和农灌。

打色尔沟共有取水口 6 个,其中规模以上取水口 1 个,规模以下取水口 5 个。规模以上取水口为理县自来水厂取水口;规模以下取水口中,农村饮水安全工程取水口 3 个,一般工业取水口 2 个。

梭罗沟流域内无场镇分布,有规模以下取水口 5 个,均为农村饮水安全工程取水口,年取水总量约为 17 万 m^3,供水人口约为 1400 人,灌溉面积 1300 余亩。

孟屯沟流经理县下孟乡、薛城镇,下孟乡和薛城镇所在地地势相对平坦,村民居住相对集中,但沿河村镇供水取水口大多数设置在孟屯沟支流沟口上游,直接从孟屯沟取水的村镇较少。

正河流域内无场镇分布,河道两岸山高坡陡,为四川卧龙国家级自然保护区延伸地带,河流主要位于汶川县耿达镇境内。现仅有龙潭村农村饮水安全工程取水口 1 处,年取水量约为 1.2 万 m^3,供水人口为 100 余人。

岷江上游流域取水口主要沿河分布,大多位于河流上游区域,主要取水用途包括城乡供水、农业供水、工业需水等,部分取水口存在"一口多用"的现象,在满足农业供水的同时也用于工业需水,各取水口年平均取水量约为 2.13 万 m^3,平均满足约 430 人用水,总体规模较小。

3.4.3 水源地分布情况

阿坝藏族羌族自治州生态环境局提供的饮用水水源地数据和《四川省城市生活饮用水水源水质状况报告》表明,岷江上游流域地区县级以上饮用水水源地有 8 个,详见表 3-5。

表 3-5　岷江上游流域县级以上饮用水水源地情况表

序号	河流名称	水源地名称	所在县区	取水口位置		供水人口/万人	设计供水规模/(万 m^3/a)	2016 年供水量/(万 m^3/a)	取水单位
				东经	北纬				
1	岷江	汶川县三官庙水源地	汶川县	103°35′52.1″	31°28′49.7″	2.8	365	180	汶川县春泉自来水有限公司
2	打色尔沟	理县打色尔沟水源地	理县	103°05′57.9″	31°26′52.7″	0.3	129.6	129.6	理县自来水一厂
3	胆杂木沟	理县胆杂木沟水源地	理县	103°14′21.9″	31°24′47.5″	0.5	198	198	理县自来水二厂
4	岷江	茂县县城岷江饮用水水源地	茂县	103°50′48.6″	31°41′22.1″	4	432	432	茂县自来水有限公司
5	漳腊河	松潘县川主寺镇漳腊河水源地	松潘县	103°38′41.7″	32°48′20.8″	1.6	365	159	川主寺漳金四村自来水厂
6	漳腊河	松潘县第二自来水厂饮用水水源地	松潘县	103°38′52.0″	32°50′19.2″	4	730	400	松潘县第二自来水厂
7	德石窝沟	黑水县哈姆湖水源地	黑水县	102°58′57.0″	32°03′03.0″	1	109.5	98.55	黑水县自来水一厂
8	谷汝沟	黑水县芦花镇谷汝村谷汝沟水源地	黑水县	102°58′36.99″	32°7′14.20″	1.00	255.5	98.55	黑水县自来水二厂

资料来源:《阿坝江河湖泊水功能区划》(阿坝藏族羌族自治州水务局,2010)。

3.4.4 水利工程分布情况

岷江上游流域水利建设已经取得了初步的成效,截至 2017 年,已建成各类水利设施 7573 处,设计供水能力 20530 万 m^3,其中引水工程 1899 处,设计供水能力 16544 万 m^3,占 80.6%;提水工程 267 处,设计供水能力 1702 万 m^3,占 8.3%;塘坝和机电井 283 处,设计供水能力 64 万 m^3,占 0.3%;其他工程 5124 处,设计供水能力 2219 万 m^3,占 10.8%。

阿坝州以强化农村饮水安全意识、农田水利建设为重点,全面实施惠及民生的小微型水利工程建设,全面完成农村饮水安全工程建设,切实根据当地实际情况进行科学规划,大力推进"小农水""五小水利""牧区节水灌溉"等农村水利工程项目建设，截至 2017 年，实现新增有效灌面 8.38 万亩，恢复改善灌面 4.61 万亩。

3.5 存在的问题

1. 脱贫攻坚成果明显，返贫风险依然存在

在乡村振兴战略推动下，岷江上游流域地区已整体全面建成小康社会、完成脱贫，各县城区基础设施、公共服务设施和经济发展基础已经得到较大改善，然而，地理位置、自然条件等多方面不利因素仍制约着岷江上游流域地区经济发展。岷江上游流域地区群众行路难、饮水难、用电难、看病难、就业难的情况仍有不同程度地发生，群众因灾、因病返贫风险仍存在。

2. 水利基础设施薄弱，防洪、抗旱等减灾任务艰巨

岷江上游流域水利基础设施建设整体滞后，现有水利工程多数为小微型，骨干沟渠建设标准低，无控制性水源工程，耕地有效灌溉面积仅 22.85 万亩，占现有耕地面积的 24.6%，与四川省平均水平相比还有很大差距。加之地方财政入不敷出，历史欠账多，配套能力弱，工程性缺水问题十分突出，水利基础设施建设任重道远。该区防洪基础设施薄弱，拦蓄洪水工程建设不足，非工程措施体系不健全，泥石流、滑坡、山洪等灾害监测与防御能力严重不足；抗旱基础设施薄弱，应急备用水源建设滞后，抗旱应急管理体制机制不完善，应对特大干旱、连续干旱和供水安全突发事件能力偏低。随着经济社会的发展和城市化进程的加快，防洪抗旱等减灾任务将更加艰巨。

3. 农村水利基础设施建设仍需大力推进

岷江上游流域饮水及供水安全方面普遍存在供水工程建设标准低、供水量不足、饮水安全得不到可靠保障等问题，需要全面提质增效。农田水利设施基本为小、微型水利工程，部分工程因建设年代久远，达到或超过了正常使用期限，老化失修、破烂不堪，超期"服役"。高原牧区风大、沙多，草场超载，加之牧区水利建设比较滞后，仅有少量小微型水利设施，造成草场退化严重，草场沙化、荒漠化威胁着牧区可持续发展和生态安全。

4. 生态与环境保护需进一步加强

岷江上游流域是长江和黄河的重要水源涵养地，是四川省最大的林区之一，海拔高，生态环境相对脆弱，保护好该区的生态环境直接关系到长江及黄河中下游地区的生态环境安全。受 2008 年汶川大地震和 2013 年芦山大地震影响，该地区山体松散，滑坡、泥石流、洪灾等灾害频繁，造成水土流失严重，生态环境脆弱，治理任务艰巨。

5. 水务保障能力较弱，改革发展任务艰巨

一是尚未建立健全支持现代水务事业持续发展的长效机制，水务管理体制和服务保障机制与支撑和保障现代城乡水务一体化，以及经济社会持续发展的要求还有较大差距，水

资源的综合利用效益和水务服务保障能力亟待提高，水务管理制度需要进一步深化和完善。二是尚未建立健全适应现代水利建设和水务发展要求的投资稳定增长机制，量大面广的水利建设任务与投资严重不足的矛盾尖锐，水利工程管理必需的"两费"落实较差，水务行业持续发展的后劲不足。三是尚未建立健全水资源、水工程、水环境保护与综合利用的长效机制，涉水事务管理和水务应急保障能力明显不足。四是尚未建立健全现代水务管理制度和应急保障机制，水务专业技术人才和复合型人才紧缺，水行政执法、水工程质量监督和水务行业能力建设亟待加强。五是尚未建立统筹管理全流域内各级支流的综合体制，亟须完善水行政主管部门与流域机构职能，合理划分管理权责，健全区域与流域间信息通报机制、协商协调机制。

6. 投资渠道单一，投资总量偏小

岷江上游流域水利投入基本依靠中央和省级政府扶持，地方财政方面除汶川县等少数县每年有财政资金(绝对量都很小)用于水利工程建设外，其他县连水利工程项目前期工作费用都难以支付，财政配套资金难以到位。由于历史和地理的原因，水利投融机制不健全，社会资金投入水利建设更少。

第4章　岷江上游流域生态需水分析

4.1　流域生态需水理论研究

国外对生态需水量的研究始于 18 世纪后期，主要用于保证河流的航运功能，对河道最小流量进行研究。至 20 世纪 70 年代，英国、美国等通过立法规定了生态需水量，并限定了河流生态基流量，各类河口三角洲、湿地环境需水量的阈值。

20 世纪 70~80 年代，大众已广泛认可了对河道生态需水量的研究，其计算评价方法也得到完善。Tennant(1976)根据分析的美国 11 条河流断面数据的结果，建议将年均流量的 10%看作河流水生生物的生长最低量，30%看作河流水生生物的满意量，200%看作河流水生生物需求的最优量，进而提出了维持河流水生态的河流流量标准，被人们称为 Tennant 法。Tennant 法还派生出一些方法，如 Q95th、Q90th 最小流量法等。

美国鱼类和野生生物管理局于 1982 年提出了河道内流量增量法，河道内流量分配初具模型。与此同时，水利学家也提出了以水力学为依据的方法——湿周法、R2-Cross 法、Singh 法等。湿周法是先根据现场调查资料绘制出湿周-流量关系曲线图，然后确定该关系曲线图中湿周随流量变化表现出的"增长变化点"，最后根据该"增长变化点"确定推荐流量。R2-Cross 法基于曼宁公式，使用标准单位和浅滩单一断面的现场数据来校核水力模型，最终确定河流推荐流量。Singh 法也被称为地区化方法，1993 年在美国伊利诺伊州使用，该方法适用于流域尺度或更大尺度范围。

20 世纪 90 年代以后，河流生态流量被澳大利亚、新西兰等国家接受并得到广泛的研究。1995 年，基本生态需水量(基本生态学的水需求)的概念被提出。国际实验与网络流通数据组织(Flow Regimes from International Experimental and Network Data，FRIEND)的成立，使生态需水量的研究迅速发展，随着生态需水理论研究的深度和广度不断增加以及实践的不断开展，研究者相继从不同角度提出计算河流生态需水量的多种方法，其研究理论日益成熟。Rashin 等(1986)提出了可持续用水，要求保证足够的水量来保护河流生态系统。1999 年，Whipple 指出应当协调解决流域内环境需水与国民经济需水之间的矛盾。Gray 等(1999)提出为了维持一些特殊物种的淡水需求，要保证有稳定持续的河水流动。

国外生态需水量的研究并不局限于河道内的生态需水量，研究范围已逐步涵盖湖泊、湿地、水库、河口三角洲等生态系统，并出现了一些新的研究计算方法。RCHARC 法(river corridor assessment and restoration criteria，河流生态栖息地评估与修复法)基于水深及流速的变化关系，研究河流的生态可接受流量。Basque 法(basque method for ecological flow assessment in river systems，基于河流连续系统的生态流量计算方法)首先利用曼宁公式建立湿周与流量的变化关系曲线，并修正曲线，然后利用此曲线确定河流最优流量。物理栖息地模拟模型(physical habitat simulation system，PHABSIM)法与河流栖息地模拟模型(river habitat simulation system，RHABSIM)法利用模型预测河道内水力参数(如水深、流速等)的变化，然后与适宜性标准比较，最后计算出适合的流量。

国内于 20 世纪 70 年代开始对生态需水进行研究，研究内容主要集中在河流、湿地、干旱地区等区域。21 世纪以来，针对国内大量出现的河流断流、水污染等各种生态环境恶化问题，生态环境易受损地区的生态需水量的分析研究成为重点。

王西琴等(2001)在渭河河道最小生态环境需水量的研究中,用段首控制法来确定北方污染状况严重河流的最小生态环境需水量，以维持河流最基本的生态功能。

刘凌等(2002)将内陆性河流系统的生态需水量分为维持生物生存的最小生态需水量、河流自净所需的河流稀释净化需水量，以及维持水量平衡的河流蒸发渗漏需水量三个部分，并用一维水质模型来反推河流稀释净化需水量。

王芳等(2002)指出生态需水所涉及的理论问题,从生态系统稳定性探讨原始天然生态系统的适宜开发强度，遵循可持续发展的生态观探讨西北地区生态保护与生态建设的模式，用生态的排序方法进一步分析干旱地区地下水埋深与植被类型的关系。

石伟和王光谦(2002)在估算黄河下游的生态需水量时,把黄河下游的生态需水量分为汛期排沙需水量和非汛期基本生态需水量两部分。

李丽娟和郑红星(2003)在海滦河的河流生态需水量研究中,将海滦河的生态需水量分成河流生态基流量、输沙排盐水量及湖泊生态需水量三个部分，然后整合计算出河流系统的生态需水量。

王沛芳等(2004)分析了山区城市河道的生态环境特征,并探讨了山区城市河道生态需水的规律，建立了山区城市河道生态环境需水量和生态需水水深的计算式，为丽水市城市水生态系统建设提供了科学依据和技术支持。

汤奇成课题组 2004 年提出了水资源可利用量和径流口径生态需水的概念,并对西北地区的径流口径生态需水和水资源可利用量进行估算。

姜娜(2005)针对陕北黄土高原当前生态环境建设及生态需水合理配置等问题,选取水蚀风蚀交错带典型小流域进行野外试验，研究不同土地利用方式下土壤水分动态变化特征及典型植被的耗水特点与规律，对小流域生态需水量进行估算和讨论。

郝伏勤等(2006)结合历史流量法和一维水质模型对黄河干流的生态需水进行研究。

黄小雪等(2007)在对杂谷脑河流域梯级开发产生的生态环境影响进行评估的基础上,分析并估算了河道生态需水量。

张代青(2007)对河道内生态环境需水量计算方法的研究现状及其方法进行了探讨。

严登华等(2009)在东辽河生态需水量的研究中,将东辽河河流生态需水量分为输沙需水量、蒸发需水量及洪泛地生态需水量三个部分，分别计算需水量，然后整合计算出河流整个系统的生态需水量。

李剑锋等(2011)提出了黄河干流水文变异条件下的河道内生态需水量的计算方法。其使用滑动秩和检验法分析水文变异，并对水文变异成因做了系统的分析。在此基础上，对变异前各月平均流量序列用线性矩法推求广义极值(generalized extreme value，GEV)分布参数，求出概率密度最大流量，并将其视为相应月河道内生态流量。

张远和杨志峰(2002)在黄淮海地区林地最小生态需水量研究中,从林地生态系统水量平衡关系出发，分析林地生态需水的各种表现形式，并对林地生态需水量概念进行界定，将林地生态需水量分为林地土壤含水量和林地蒸散发量两部分。

韩振华等(2012)根据闽江流域生态现状，在综合国内外生态需水研究方法及适用范围的基础上，进行流域生态需水满足程度分析，构建了识别性生态需水计算模型，选取流域典型站点及各河道代表物种进行生态需水量计算。

侯琨等(2015)在估算建平县主要流域的生态需水量的基础上，提出基于模糊逻辑法的生态需水量保障程度分析方法，并应用该方法推求建平县主要流域生态需水保障程度的时间序列及统计特征，为该地区的生态保护以及水资源优化调度提供科学依据。

谢蕾(2018)在流域的"三条红线"用水总量指标超过流域水资源量的情况下，计算白杨河河道内外生态环境需水量，提出流域合理的用水总量指标，对流域承载力进行分析并提出建议，为干旱区跨区河流"三条红线"用水总量指标的复核和确定提供参考。

何京涛(2019)在辽河干流河道内生态需水量研究中，采用综合确定生态需水量的方法确定河道生态基流量，提出较为科学、适用的生态需水量计算方法，研究成果可为区域水生态环境保护和水资源开发利用提供参考。

阳维宗等(2019)简要概述了国内外气候变化对湿地生态需水影响研究的发展历程，提出未来气候变化情景下湿地生态需水的预测及应对气候变化环境下湿地生态需水的适应性管理策略。

张爱民等(2020)根据流域各河流河道取水工程设施点情况，采用彭曼公式(Penman-Monteith，PM)生态需水定额、卫星遥感面积识别及水文年内展布综合方法，分析评估白杨河流域现状敏感区生态环境需水量、河流生态基流及其调控断面。

陈晓璐等(2020)以海南省三大江流域 7 个主要水文站点的实测月流量长序列资料为基础，通过对计算成果的分析与对比，引入 Tennant 法进行检验，推算得到三大江流域的最小生态需水量与适宜生态需水量。

宋孝玉等(2021)基于 Penman-Monteith 公式有效降水量计算方法，对内蒙古鄂托克旗天然草地的生态需水量和生态缺水量进行计算，并对不同类型天然草地生态需水量和降水资源之间的平衡关系进行分析，为区域草地水资源高效利用和退化草原系统恢复重建提供理论依据。

王展鹏等(2021)基于气象、土地利用类型及 Landsat TM/ETM+遥感数据，采用 Penman-Monteith 方法，考虑新造林区植被覆盖度，结合谷歌地球引擎(Google Earth Engine，GEE)云平台和地理信息系统(geographic information system，GIS)技术，评估 2010 年和 2018 年北京平原新造林区造林前后各植被类型的生态需水定额和需水量，从而分析平原造林工程对生态需水量的影响。

4.2　岷江上游流域生态需水组成

生态系统具有双重层次，即结构层次和功能层次，结构层次由包含不同生物分类单元的层次组成，功能层次则由不同速率的过程层次组成。因为结构层次和功能层次并不存在

一一对应的关系,故应同时考虑其结构和功能双重层次系统。河流生态系统具有典型的等
级层次结构,其繁多相互作用的组分可以按照生态系统类型进行组合,形成不同的等级层
次结构。河流生态需水也同样存在相对应的功能层次需水,主要包括河道生态需水、河滨
湿地生态需水和河口生态需水三部分,对于河道生态需水来说,按其不同生态环境功能可
划分为生态基流、自净需水、输沙需水三种形式,如图 4-1 所示。由于岷江上游流域地区
不存在河流与海洋的连通区,故对河口生态需水不作详细介绍。

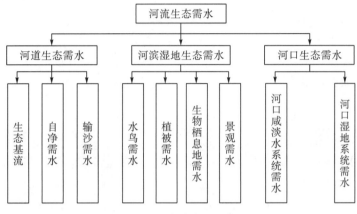

图 4-1　河流生态需水组成

4.2.1　岷江上游流域河道生态需水分析

本书主要对岷江上游流域河道生态需水的功能层面进行分析。功能是指自然或社会事
物对人类生活和社会发展所具有的价值与作用。河流系统是自然界最重要的生态系统之
一,其中河道是构成河流的重要组成部分,河流的许多功能通过河道表现出来。河流系统
主要有三个方面的功能:一是生态功能,如对水生生物栖息地污染物的稀释自净作用及输
沙排盐、湿润空气、补充土壤含水功能;二是环境功能,如补给地下水等为水生生物提供
生存环境;三是资源功能,如为生活、生产提供用水,为水上娱乐、航运、养殖等提供水
域,为水力发电提供能源等,属于功利性功能,如图 4-2 所示。

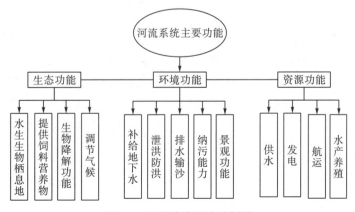

图 4-2　河道生态需水分析图

岷江上游流域河道生态需水关键在于维持河流最基本的功能，如为水生生物提供栖息地、在允许范围内的自净功能、保持河道形态等，对应有基本生态流量、自净需水和输沙需水等。

1. 基本生态流量

河道基本生态流量是指对于维持栖息地（包括河道形态和底层）、保护水生动物产卵和洄游、维持正常的生态演替和生物多样性水平、维持河流所需的营养结构的河道内流量。当河道流量断流后，河道原有的水生环境就会遭到严重破坏，水生生物赖以生存的环境消失，水生生物也随之消亡。对于常年性河流而言，维持河流的基本生态功能不受破坏，要求年内各时段的河川径流量都维持在一定的水平，不出现诸如断流等可能导致河流生态环境功能破坏的现象；对于季节性河流，应维持其自然的季节性变化特征，在旱期保证河道不断流。

2. 自净需水

自净需水是指河流对污染物质的自净作用所需的河道流量。河流两岸是人类活动的主要场所，河流不仅为社会经济发展提供水资源及其他服务，同时也接纳着人类经济活动所产生的污染物，从这个意义上讲，河流的这种环境功能是不可缺少的。水环境是人类污染物排放的重要场所，保持水体的一定环境容量，发挥对污染物的自净功能，对于维持流域生态系统健康具有重要意义。河流在维持一定流量情况下，污染物在排入水体后，经过物理、化学与生物作用，使污染物浓度降低或总量减少，受污染水体能够部分或完全恢复原状。

水体的净化过程包括三种方式，即生物净化、物理净化和化学净化，其中生物净化是水体自净的最重要途径。生物净化是指在水生生物的作用下，水中复杂的有机物逐渐分解为简单的无机物，无机物被海藻类和水生植物吸收合成新的有机物，并随食物链迁移转化，使水体得到净化的过程。物理净化是指水体中的污染物质经过稀释、混合、沉淀和挥发等，使污染物浓度降低的现象，主要依靠对流和扩散两种运动形式完成。化学净化是指水中的污染物经过分解合成、酸碱反应、氧化还原、吸附凝聚等过程，使污染物消除或浓度降低的现象。这些过程均需要一定的水量及流速才能够完成。

河流的自净需水量大小不仅与河流基本特性、流量状况相关，而且与水体的用途和功能、污染物的排放量和浓度等因素相关。河流所在区域的自然条件及水体本身的特性，如河宽、河深、流量、流速、水质、水文特性等，对自净需水量的大小也有影响；污染物的特性，包括扩散性、降解性等，也都将影响自净需水量的大小。水环境要求的水质目标越高，其水环境容量也必将越小，自净需水量也随之增大，反之亦然。因此，在具体研究中，绝不能以污染物的多少来确定自净需水量的大小，而应通过自净需水量限制污染物的排放。一般采用近 10 年最枯月平均流量或 90%保证率最枯月平均流量来确定自净需水量。

3. 输沙需水

水沙平衡主要指河流中下游的冲淤平衡。为了维持冲刷与侵蚀的动态平衡，必须在河道内保持一定的水量，输沙需水是指维持河道内冲淤平衡所需要的河道流量，简称输沙需水量。

当进入河流的泥沙与河流输沙能力达到平衡时,河道冲淤就会处于一种动态平衡的状态。虽然局部地区存在不稳定现象,如浅滩有时会被冲刷成主槽,而主槽有时也会变成浅滩,但是河道形态及整个河流的断面轮廓基本不变。当进入河道的泥沙与河流输沙能力不平衡时,河流就会发生冲刷或淤积。如果流域所产生的泥沙增加,但河流量却没有增加,则河流泥沙就会发生淤积。当泥沙的来量不变而河流流量减小时,河道同样会发生淤积。淤积会造成河道变浅变宽,因此,为了维持冲刷与侵蚀的动态平衡,必须在河道内保持一定的水量。

河道内水沙冲淤平衡,主要受河道外和河道内两方面因素的制约与影响。河道外的影响主要包括来水、来沙条件,其与流域土地资源利用、水资源开发利用、生态植物保护、水土流失治理及河流整治等诸多要素有关。河道内的影响主要指河床边界条件,其直接影响水沙动力条件。在输沙总量一定的情况下,输沙需水量主要取决于水流含沙量的大小。

4.2.2　岷江上游流域河滨湿地生态需水分析

1. 岷江上游流域河滨湿地对生态需水的影响

1) 水文对生态需水的影响

水体是最重要的生态因素,发生的生态过程是由水文要素驱动的,水文过程的扰动是生态环境最大的威胁。岷江上游流域河滨湿地水体的基本组成要素包括洪水量及洪水的发生时间、持续时间和频率等。河道随时间的波动会产生不同深度的栖息地,这些栖息地的特性由特定的植物和水禽群落决定。在水量和栖息地的空间范围之间普遍存在密切的联系,特别是洪水量影响十分明显,洪水量的一个较小幅度的变化可能导致泛滥区域面积发生较大的变化。

影响水文的因素包括长期的自然气候变化、地区性或流域的影响(如清除植被、土地利用类型变化、河流管理、河流开发等)和人工影响(如排水、筑堤、地下水抽取等)。水体的增加和损失倾向于季节性变化,由此增强了水深和淹没区域的季节性变化,水位随水流输入而发生季节性变化。在较长的时间尺度内,水位可能会在较长时期内或在非季节性的时间内变低或变高,以响应不稳定的气候模式或延长的湿润或干旱时间。

岷江上游流域河滨湿地许多特征和栖息地的价值也均由水体驱动。降水和消退的季节性和年际变化造成水位起伏的自然循环。例如,沼泽中某些生物种类的繁殖行为发生在洪水消退之后;而永久性沼泽中,水位的上升可能会降低鸟类的繁殖率。河道消耗性水量的增加及大坝、防洪堤的修建引起水文条件的改变,使水体溢流到河岸的季节性变化消失,导致进入间歇性河滨湿地的水量减少,从而使一些河漫滩水体发生持久性的变化。

2) 植物对生态需水的影响

植物成分或植物群落结构的变化一般由水文变化引起,植物状况是水文变化的良好指标。植物组成和植物群落结构由洪水频率、持续时间、深度和季节性变化规律等决定,栖息地植物物种的集合是一定时间段内特定洪水作用的结果。树、灌木、草本植物等对过高或过低的湿度引起的水文变化有着不同的反应。随着洪水频率、持续时间和深度的改变,草本植物可快速变化,而木本植物则倾向于反映这些参数的长期趋势。水体改变通常导致植物成分的改变，因为大部分水鸟依赖水生植被，洪水等现象可能破坏其栖身植被，因此水体改变也对水鸟的生存产生影响。河滨湿地的土壤湿度包括从永久饱和到偶尔饱和的所有情况。因此，河滨湿地植物群落通常表现出结构复杂、种类多样的特点。河滨湿地植物群落的结构和种类受其环境梯度影响，这些梯度与物种动态、洪水和土壤湿度有关。

河滨湿地生态学认为，扰动是影响生态需水的重要因素，因为它通过增加环境异质性而维持了植物多样性。在稳定的环境中，高级竞争者排除低级竞争者，减少了系统的物种丰富度。在中等频率的干扰下，引入长期稳定环境的竞争性物种与引入频繁干扰环境的入侵物种成功地达到了平衡，物种多样性得到最大化。在河滨湿地植物群落中，洪水是基本的干扰媒介。美国和非洲的研究证明，特定木本物种可用来预测符合可观察的水流模式，并已经开始使用这种关系来联系历史水文数据对河滨湿地植被的影响进行评价，以及确定已经适应流量改变的河流的河道内需水。

2. 研究区域河滨湿地的主要功能

1) 物质生产功能

河滨湿地蕴藏着丰富的动植物资源，其中河漫滩被认为是重要的组分，没有河漫滩，系统的生产力就会明显地降低，群落结构和能量的转移路径就会发生根本改变。

2) 调节径流功能

河滨湿地在蓄水、调节河川径流、削减洪峰、维持河流水平衡中发挥着重要作用，特别是可在时间和空间上分配不均的降水，并通过吞吐作用，起到蓄水、防洪功效，避免水旱灾害。

3) 净化功能

河滨湿地具有天然过滤器的功能，它有助于减缓水流的速度。一些植物能有效吸收水中的有毒物质，净化水质。当含有毒物和杂质(农药、生活污水和工业排放物)的流水经过时，流速减慢有利于毒物和杂质的沉淀和去除。

4) 栖息地功能

河滨湿地复杂多样的植物群落为野生动物尤其是一些珍稀或濒危野生动物提供了良好的栖息地，是鸟类、两栖类动物的繁殖、栖息、迁徙、越冬的场所。

4.2.3 岷江上游流域生态需水重要水文要素与性能指标

1. 重要水文要素

1) 水文指标

河流生态需水研究的一个重要问题就是如何选取水文指标。目前，国际上描述河流水文条件的指标大约有 171 个，能够反映一条河流水文基本特点的比较重要的指标大约有 38 个。这些指标包括以下几个方面。

(1) 与流量状况总体趋势密切相关的指数：日平均流量，平均、最小和最大月流量，低流量，最小和最大流量的持续时间等。

(2)描述流体多样性的指数：日流量、月流量、年流量及低流量和高流量在频率上的变化、低流量和高流量在持续时间上的季节性变化、流量变化的速度等。

(3)其他比较重要的指数：每年流量的季节性变化、高峰期流体的峰值、洪水频率、低的超标流量及高的流体持续时间等。

岷江上游流域生态需水研究中涉及的水文指标有年径流量、月径流量和日流量等。生态需水是为了保证河流生态系统的结构稳定，应选取上述主要水文指标中与生态联系密切的能够提供潜在生态信息的指标，作为生态需水的关键水文要素。

2)选择水文指标的原则

考虑到河流生态需水的特点，在选择生态需水的水文指标时，应遵循以下几条原则。

(1)重视生态特征。生态需水水文要素的选择必须考虑到流量的变化和生态联系密切的特性。例如，影响河流的生态过程的水文要素主要有低流量、高流量等。

(2)重视流量过程及持续时间。指标的选取必须与流量过程有关，因为流量过程对生态健康来说十分重要，如年内 12 个月的流量过程、某些季节(如鱼类产卵期)的流量过程等。持续时间也是需要考虑的内容，特别是对于河滨，洪水的持续时间、洪水的演进与消退过程等都十分重要。

(3)考虑时间变化性。应考虑流量的季节变化、径流的时间分布等特点，河流的高流量洪水的波动和流量状况变动的速率等均是比较适用的指数。在自然情况下，河道存在低流量期和无流量期。

(4)重视日流量。在所有的溪流类型中，日流量的偏态是最起主导作用的一个指数，通过对水坝以下不规则放水造成的鱼群聚集反应的研究说明，在生物繁殖的季节，日流量的变化对成熟的物种或者爬行物种都特别重要。

(5)一些特殊需求。对于多泥沙河流，还涉及输沙率、输沙用水等指标。

在实际的研究中，应按照上述原则进行河流生态需水水文指标的选择。本书提出包括流量大小、频率、发生时间、持续时间 4 个方面的指标，作为描述河流生态需水的水文指标(表 4-1)。

表 4-1　流域生态需水的水文指标及其特征(王西琴，2007)

组别/类别	水文特征值	水文参数	参数个数	对生态系统的影响
月平均流量量级	流量大小	月平均值	12	是水生生物的栖息地，为陆生动物供水
极端流量的量级和持续时间	频率	年最小流量30d、90d 平均值 年最大流量 1d、3d、7d、30d 平均值 7d 最小流量与年平均流量的比值	7	影响河道形态、化学特征
年度极端流量的发生时间	发生时间	年最大流量 1d 发生日期 年最小流量 1d 发生日期 0 流量的天数	3	影响生物生命周期、繁殖期
高/低流量脉冲的频率和持续时间	持续时间	每年高流量脉冲次数、低流量脉冲次数及其平均持续时间	4	是河道、河漫滩生物群落栖息地，影响输沙、河道沉积物基本结构

2. 性能指标

在水资源规划与水资源配置中，常常需要涉及一些表征生态需水的性能指标，这些指标一般与流量过程有关，具有相同特点的河流，其性能指标应具有同一性，不同的河流，其性能指标存在差异。流量目标视河流恢复的程度而定，一般根据历史统计资料确定。例如，澳大利亚墨累河采用 4 个性能指标作为生态需水在水资源规划与配置中执行的指标，这些指标是：①河口流量、河流出口时总流量；②低流量、河流低流量的天数；③有利的洪水流量、每年 90d 最湿润时期的平均流量；④两年一遇洪水流量，即每两年平均发生一次的洪水流量。通过将上述指标作为水资源管理的目标，从而实现生态需水在水资源规划与水资源配置中的具体应用。

结合岷江上游流域的特点，性能指标还应考虑枯水年、平水年和丰水年 3 种不同水平年份及年内不同月份的差异，并针对不同情况提出性能指标的目标，应分别提出浅滩流量建议、河漫滩流量建议、河口流量建议，同时区分季节变化下枯水年、平水年和丰水年等不同情况下的流量目标。特定的动物或植物种群对水体有不同偏好，短期洪水的分洪会导致水流到达相当大的河漫滩区域，使植被受益；长期洪水的同样水量的分洪则会有益于水鸟的繁殖。因此，在确定性能指标时，持续时间也是必须考虑的内容。

岷江上游流域的流量适用于整个河流生态系统和有关的河漫滩、河口系统生态需水的研究，针对所有的流量矢量，在特定的地点，在一年中特定的时间以及在多年间以一个特定的频率表示。每种期望的流量大小及其发生时间和位置将成为水资源管理者的重要管理目标。因此，性能指标一般应描述为在一个或者多个流量量度下的期望流量状况。

4.3　岷江上游流域生态需水现状

《四川省水资源综合规划》中与岷江上游流域相关的有生态需水指标的断面为岷江的紫坪铺水电站断面，年径流量为 446m³/s，生态基流为 44.7m³/s，最小生态环境需水量为 66.9m³/s，生态环境下泄水量为 89.1m³/s。

选取该规划的控制断面中生态需水占全年流量百分比最大者，岷江上游流域河道断面生态基流量为多年平均径流量的 25%，基本生态环境需水量为多年平均径流量的 35%，河道内目标生态环境需水量为基本生态环境需水量的 1.2 倍，与《河湖生态环境需水计算规范》（SL/Z 712—2014）中 Tennant 法比较，按河道内环境状况为好的标准，汛期生态流量占同时段多年平均流量的 40%，非汛期生态流量占同时段多年平均流量的 20%，按此标准计算得到的岷江上游流域河道内基本生态需水量与按规划确定的河道生态需水量基本一致，该流域多年平均地表水资源量为 144.79 亿 m³，按 35%计算河道内基本生态环境需水量为 50.68 亿 m³，河道内目标生态环境需水量为 57.91 亿 m³，地表水可利用量为 86.88 亿 m³。

第5章 岷江上游流域生态需水及阈值

5.1 河流生态需水的"量"与"质"综合评价

5.1.1 河道内生态需水量计算

河道内生态需水量是指维持河流生态系统一定形态和一定功能所需要的、满足一定水质要求的水量。河道内生态需水量一般包括维持生态平衡所需的水量，即维持合理的地下水位及景观水面所必需的入渗补给水量和蒸发消耗水量；河流系统保持一定的稀释净化能力所需的水量；维持河流系统水沙平衡的输沙水量等。河道内生态环境的各部分需水量之间有一定的交叉和重复，对具有兼容性的各项生态环境需水量分别进行计算之后，应以其最大值作为最终的生态需水量。

按照河流不同的生态功能划分，河道内生态需水量有不同的确定方法，归纳起来大致可分为历史流量资料法、水力定额法、栖息地定额法和整体分析法四类。其中历史流量资料法所计算出的生态需水量虽不是绝对精确，但其计算结果较其他方法要大，能够涵盖河道内生态需水需考虑的各方面因素及其相互作用的影响，因此常常采用历史流量法所得结果为最终值。具体计算方法见式(5-1)：

$$W_C = 365 \times 24 \times 3600 \times 10^{-8} \times \frac{1}{n} \sum_{i=1}^{n} Q_{ni} \tag{5-1}$$

式中，W_C 为河道内生态需水量，m^3；Q_{ni} 为最近 n 年中第 i 年的最小月平均流量，m^3/s；$365 \times 24 \times 3600 \times 10^{-8}$ 为折算系数。

根据四川省水文水资源勘测局 2015～2017 年各月的岷江上游流域水资源量资料，统计得出如图 5-1 所示的水资源变化情况。

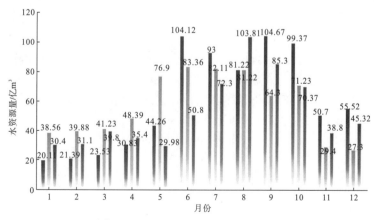

图 5-1 2015～2017 年各月水资源量

数据来源：四川省水文水资源勘测局。

按照式(5-1)，取每年最小月平均流量，并求平均值，得出河道内生态需水量 W_C = 25.79 亿 m³。

5.1.2　河道外生态需水量计算

1. 城市生活需水量

岷江上游流域流经 5 个县，其绝大部分城镇都依岷江而建。随着城镇化的快速推进，城镇的建设发展和人民生活水平的提高对城市河湖提出了越来越高的要求。城市河湖环境需水要求有其自身的独特性，在城市规划和水资源配置方面，如何确定一个城市的合理的河湖水面比例，目前尚未有权威的方法，可通过人均生活用水定额计算生活需水量，计算公式为

$$W_h = Pq_N \tag{5-2}$$

式中，W_h 为年城市生活需水总量，m³/a；P 为城市人口数量，人；q_N 为人均生活用水定额，m³/(人·a)。

从《2017 年阿坝州水资源公报》中查到，2017 年岷江上游流域城市生态环境耗水量为 145 万 m³。由《四川省统计年鉴(2017)》(四川省统计局，2018)得知，阿坝藏族羌族自治州 2017 年城镇人口为 36 万人左右。因此，岷江上游流域城市生态需水的人均生态用水定额约为 4.1m³/(人·a)。岷江上游流域地区城镇常住人口见表 5-1。

表 5-1　岷江上游流域地区城镇常住人口

地区	汶川县	理县	茂县	松潘县	黑水县	总计
人口数量/万人	4.60	1.74	5.08	2.81	2.15	16.38

资料来源：《四川省统计年鉴(2017)》(四川省统计局，2018)。

由式(5-2)可以得出，2017 年岷江上游流域城市生活需水量为 67.16 万 m³。

2. 植被生态需水量

植被是生态系统的生产者，是生态系统最基本的组成部分之一，是自然景观最直接的反映。水又是植被最重要的生态环境因子，在供水严重不足的情况下，植被将迅速退化，特别是岷江上游流域这类干旱河谷地带，植被易破坏难恢复。

植被生态需水量的计算方法目前主要有植被定额法、土壤湿度法、PM 公式法等。由于资料限制，本书采用植被定额法计算植被生态需水量。根据《2017 年四川省水资源公报》(四川省水利厅，2018)以及植被用水定额，可以得出 2017 年岷江上游流域植被生态需水量为 2.18 亿 m³。

3. 地下水回补需水量

根据岷江上游流域生态现状，为使生态环境得到改善，必须维持合理的生态地下水位，需要一定量的地表水补给地下水。计算时以实际开采量与允许开采量的差值作为地下水回补需水量。计算公式为

$$W_g = O_g - A_g \qquad (5\text{-}3)$$

式中，W_g 为地下水回补需水量，亿 m^3；O_g 为地下水实际开采量，亿 m^3；A_g 为地下水允许开采量，亿 m^3。

通过查阅水资源公报及阿坝藏族羌族自治州地下水允许开采量标准，得到岷江上游流域地下水回补需水量为 293 万 m^3。

5.1.3　河道生态需水的评价方法

生态需水是指在一定水质标准下满足生态系统需求的水量，包括"质"与"量"两个属性。因此，不仅要对河道生态需水的"量"进行评价，而且还应该对河道生态需水的"质"进行评价(张亮等，2009)。

1. "量"的评价

水量评价有两种方法：一种是仅考虑自然水循环概念下的河道生态需水评价法；另一种是同时考虑自然水循环和社会水循环的评价方法。

1) 开发利用率评价法

根据水资源开发利用程度评价生态需水，u 为开发利用率，等于地表用水量与地表水资源量之比，见式(5-4)。

$$u = \frac{Q_R}{Q_t} \qquad (5\text{-}4)$$

式中，u 为水资源开发利用率；Q_R 为地表用水量，亿 m^3；Q_t 为地表水资源量，亿 m^3。

实际上，地表水资源量与地表用水量之差并不等于真正实测径流量，其中忽略了人类利用后的排水量，所以，开发利用率评价法可作为一种宏观的评价方法。

2) 实测径流量评价法

采用河道实测径流量与天然径流量的比值评价生态需水，见式(5-5)。

$$E_a = W_a / W_n \qquad (5\text{-}5)$$

式中，E_a 为河道生态需水比例，%；W_a 为实测径流量，亿 m^3；W_n 为天然径流量，亿 m^3。

3) 消耗系数评价法

开发利用率评价法和实测径流量评价法两种方法均是在忽略社会水循环过程对河道水量影响的情况下，对河道生态需水进行评价的方法。如果以河流系统与社会经济系统为研究对象，同时考虑自然与社会二元水循环的共同影响，根据水量平衡方程，可以按照式(5-6)进行评价。

$$E_a = 1 - (u - ur) = 1 - u(1 - r) = 1 - uk \qquad (5\text{-}6)$$

式中，E_a 为河道生态需水比例；u 为水资源开发利用率，%；r 为回归系数；k 为消耗系数，$k = 1 - r$。

量的评价标准参考 Tennant 推荐的流量百分比及等级，表 5-2 给出了河道生态需水量的等级及其相对应的缺水状态。可以根据流域的河流水文特点、主要污染物及河流保护情况制定相应的标准。

表 5-2　河道生态需水现状评价标准及其短缺状态

类型	$E_a/\%$					
	60～100	60～40	40～30	30～20	20～10	0～10
生态需水等级	极好	较好	好	中	差	极差
等级级别	1	2	3	4	5	6
生态需水短缺状态	不短缺	基本不短缺	一般短缺	较短缺	短缺	严重短缺

在当前水资源开发利用率下,评价河道生态需水量是否短缺,根据所获取的数据资料,在上述三种方法中选择适当方法进行评估。

2. "质"的评价

根据水量平衡方程,河道生态需水不仅受自然来水的影响,还受人类回归水的影响,实际存在于河道中的水是自然状态下的水与回归到河道的废污水的混合体,而回归水是造成河道生态水质变化的关键因素,其影响的程度取决于回归水与自然流量的比例,即污径比。因此,采用污径比进行河道生态需水"质"的评价,即如果污径比小于一定的比例,就可以认为生态需水的质得到满足,详见式(5-7)。

$$b_w = \frac{u(1-k)}{1-uk} \leqslant C_{aeo} \tag{5-7}$$

式中,b_w 为污径比;C_{aeo} 为保证生态需水水质的标准;其他参数的含义同式(5-6)。

"质"的评价标准参考《地表水环境质量标准》(GB 3838—2002),按照回归水的污染物排放浓度达到该标准中Ⅰ级质量标准,对生态需水的"质"进行评价。如果以化学需氧量(chemical oxygen demand,COD)为控制指标,在实现污水达标排放情况下,人类回归水与自然流量的比例不高于1∶5.0时,就可以保证水体达到Ⅲ类水质标准,河道生态需水的"质"可以达到好的等级。因此,设定 $b_w \leqslant 1∶5.0$ 为好的等级阈值,其他等级的标准见表5-3。

表 5-3　河道生态需水"质"的评价等级

类型	b_w					
	≤1∶10	1∶10～1∶6.7	1∶6.7～1∶5.0	1∶5.0～1∶3.3	1∶3.3～1∶2.5	≥1∶2.5
生态需水等级	极好	较好	好	中	差	极差
等级级别	1	2	3	4	5	6

3. 旱期的每月水资源利用率

在式(5-6)和式(5-7)中,所使用的水资源开发利用率为年利用率,旱期水资源利用率则需要进行推导换算。假设研究区域每月的水资源使用量为当年月平均量,已知2017年岷江上游流域各月降水量,旱期为1月、2月、11月和12月,共4个月。旱期降水量占全年降水量的3.65%,则旱期月水资源利用率为

$$u_月 = \frac{W_1 \times \frac{1}{12}}{W_2 \times 3.65\% \times \frac{1}{4}} \tag{5-8}$$

式中，$u_月$ 为旱期的月水资源利用率，%；W_1 为水资源使用总量，万 m^3；W_2 为年水资源总量，万 m^3；此处 $\frac{1}{4}$ 是因为旱期为 4 个月。

4. 生态需水"量"与"质"的综合评价

对于生态需水的"量"与"质"的评价(王西琴等，2006)，以以下两个条件作为依据。

(1)生态需水的比例应高于规定的标准，依据国际地表水资源开发利用的极限，并参考 Tennant 推荐的满足鱼类及生物栖息地的流量百分比及其等级，以生态用水比例 $E_a \geqslant 60\%$ 作为达标的标准。

(2)污径比必须低于规定的地表水水质标准与排放标准的比值——生态水水质标准，即 $b_w \leqslant C_{aeo}$。鉴于我国大部分地区以 COD 作为水环境的主要指标，本书以 COD 为指标，且假定废污水达到一级排放标准(100mg/L)，地表水水质为 III 类(20mg/L)，则 $C_{aeo} = \frac{C_0}{C_{20}} = \frac{20}{100} = \frac{1}{5}$，$C_0$ 和 C_{20} 分别为《地表水环境质量标准》(GB 3838—2002)所规定的地表水 III 类水质和废污水一级排放标准。

最后联合"量"和"质"的评价进行岷江上游流域生态需水"量"与"质"的综合评定。在具体评价过程中，根据流域的河流水文特点、主要污染物以及河流保护目标，对生态需水量、生态需水水质标准等进行适当调整，调整后的标准见表(5-2)和表(5-3)。

5.2　河流生态需水评价

根据 5.1 小节所述评价方法，对岷江上游流域地区核心区 5 个县旱期生态需水进行评价，并分别进行水量、水质以及水质与水量的综合评价。

1. 水量评价结果

由《2017 年阿坝州水资源公报》可查到汶川县、理县、茂县、松潘县、黑水县 5 个县的行政区旱期水资源总量、行政分区用水量和消耗系数，从而对旱期每月水资源开发利用率及生态需水比例进行计算。短缺状态分为四个层次：不短缺、基本不短缺、一般短缺和严重短缺(表 5-4)。

表 5-4　岷江上游流域旱期生态需水评价等级

地区	旱期水资源量 /亿 m^3	旱期用水量 /(月/万 m^3)	水资源开发利用率 $u_月$/%	生态需水比例 E_a/%	生态需水等级	短缺状态
汶川县	31.77	2298	2.89	44.51	较好	基本不短缺
理县	26.30	1145	1.74	66.60	极好	不短缺
茂县	15.38	1146	2.98	42.84	较好	基本不短缺
松潘县	42.89	1937	1.81	65.36	极好	不短缺
黑水县	24.73	1401	2.27	56.54	较好	基本不短缺

以《2017 年阿坝州水资源公报》为基础数据，经计算可得，岷江上游流域水资源旱期(1 月、2 月、11 月、12 月)使用量为 7927 万 m^3，旱期流域水资源总量为 141.07 亿 m^3，平均消耗系数为 0.7，由式(5-6)可以得出生态需水比例 E_a 为 56.89%，对照表 5-4 可得岷江上游流域全年生态需水评价等级为较好，生态需水基本不短缺。但旱期部分区域出现了生态需水一般短缺甚至严重短缺的情况。

2. 水质评价结果

按式(5-7)计算出岷江上游流域旱期各地区水质评价情况见表 5-5。

表 5-5   岷江上游流域旱期各地区水质评价

地区	污径比 b_w	生态需水等级
汶川县	0.09	极好
理县	0.05	极好
茂县	0.09	极好
松潘县	0.05	极好
黑水县	0.07	极好

由岷江上游流域生态需水"量"的计算分析可知，该流域的旱期水资源开发利用率 u 为 2.25%，按式(5-7)可计算出污径比为 0.07，岷江上游流域地区水质生态情况均为极好。

3. 水"质"与"量"的综合评价

按照水量评价中生态需水比例大于 60%和水质评价中污径比小于 0.2 的评价标准，岷江上游流域松潘县全年"质"与"量"的生态用水等级均为极好，综合评定为生态需水满足生态环境需求。汶川县、理县、茂县、黑水县 4 个县的生态需水量小于 60%，汶川县、理县、黑水县 3 个县的污径比大于 0.2。因此，汶川县、理县、茂县、黑水县 4 个县的"质"与"量"的综合评定为在每年的旱期，其生态需水不满足生态系统安全的要求。

4. 总结与建议

岷江上游流域由于地理环境的特殊性，每年降水量在时间上分布极不均匀，95%的降水量集中在 3～10 月这 8 个月内，进而形成了其他 4 个月的旱期。在季节性缺水的影响下，岷江上游流域核心区 5 个县中有 4 个县经过流域生态需水"质"与"量"的计算分析被评为不满足生态系统要求。岷江上游流域由于水资源利用与配置错位，枯水期经济用水挤占生态用水，灌溉农业的春旱问题突出，严重制约了土地利用和农业生产。

为改善岷江上游流域旱期生态脆弱的问题，保障流域的生态需水要求，需要采取以下措施：①加强水资源使用的法治建设，严格落实最严格水资源管理制度；②加强蓄水设施建设，建立地下水库调蓄地下水和地表水径流量，修建山区水库蓄存山区多余降水，解决季节性缺水问题；③调整产业结构，农业上旱季作物和雨季作物搭配种植，工业上推广环境友好型和节水型产业，大力发展第三产业；④科学节水，提高灌溉用水效率，加强工业回水利用；⑤建立土壤水库，开发土壤深层水，以肥调水，栽种深根植物，增大土壤调节库容。

5.3　岷江上游流域生态需水阈值

5.3.1　地表水资源利用率与生态需水的关系

根据人类对水资源利用和影响的程度,可以将地表水资源利用过程划分为以下 4 个阶段。

(1)未被人类利用阶段。这个时期的河流系统保持原始自然状态,河道内水量充足,完全能够满足河流系统的生态功能。

(2)合理利用阶段。这个时期的河流系统虽然受人为的影响,但河道内剩余的水量能够满足河流系统的生态功能的需求,保持系统的生态平衡和稳定。

(3)极限利用阶段。这个时期的河流系统受人为影响极大,人类对水资源的开发已到最大限度,如果超过此极限,就会使河流生态系统遭到破坏。这个阶段河道内保留的水量就是保证河流生态系统稳定的"阈值",也就是满足河流最基本生态功能的河道最小生态水量。

(4)过度利用阶段。这个时期水资源的开发利用已经超出了水资源极限利用阶段,河流系统受人类极大影响,河道内剩余的水量已经不能满足河流基本生态功能的需求,河流生态系统遭到破坏,水生态环境恶化,必须尽快恢复和重建河流生态系统。

目前我国北方河流大都处于过度利用阶段,意味着河道内水量的多少不仅受自然因素的影响,更多地受人为因素的影响,其中起决定性作用的是水资源开发利用率。不同消耗系数下水资源开发利用率与河道内实际存在的河道生态需水比例之间的关系如图 5-2 所示。

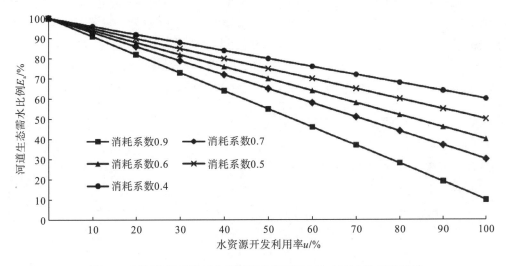

图 5-2　不同消耗系数下水资源开发利用率与生态需水比例的关系

如图 5-2 所示,能够使现实生态需水在"量"上得以满足的条件是:在水资源开发利用率一定的情况下,要求消耗系数必须低于某一阈值;或者在消耗系数一定的情况下,水资源开发利用率不能超出一定的限度。

按照生态需水比例的标准，即 $E_a \geq 60\%$ 衡量，则对于水资源开发利用率高于 70% 的地区只有将消耗系数降低到 0.5 以下时，河道实际生态需水比例才可达到 60% 的标准；而如果消耗系数已经达到 0.7 以上，则只有将水资源利用率降低在 50% 以下，河道实际生态需水比例才可以达到 60% 的标准。

表 5-6 是根据式(5-6)计算的在不同水资源开发利用率、不同消耗系数情况下，生态需水的比例。

表 5-6　不同水资源开发利用率、不同消耗系数下生态需水的比例

水资源开发利用率/%	消耗系数									
	0.1	0.2	0.3	0.4	0.5	0.6	0.7	0.8	0.9	1.0
0	1	1	1	1	1	1	1	1	1	1
10	0.99	0.98	0.97	0.96	0.95	0.94	0.93	0.92	0.91	0.90
20	0.98	0.96	0.94	0.92	0.90	0.88	0.86	0.84	0.82	0.80
30	0.97	0.94	0.91	0.88	0.85	0.82	0.79	0.76	0.73	0.70
40	0.96	0.92	0.88	0.84	0.80	0.76	0.72	0.68	0.64	0.60
50	0.95	0.90	0.85	0.80	0.75	0.70	0.65	0.60	0.55	0.50
60	0.94	0.88	0.82	0.76	0.70	0.64	0.58	0.52	0.46	0.40
70	0.93	0.86	0.79	0.72	0.65	0.58	0.51	0.44	0.37	0.30
80	0.92	0.84	0.76	0.68	0.60	0.52	0.44	0.36	0.28	0.20
90	0.91	0.82	0.73	0.64	0.55	0.46	0.37	0.28	0.19	0.10
100	0.90	0.80	0.70	0.60	0.50	0.40	0.30	0.20	0.10	0

表 5-6 可作为生态需水量评价参考标准，即在已知水资源开发利用率和消耗系数的前提下，可以从表 5-6 获得生态需水量是否达标。从表 5-6 看出生态需水量不达标的约占 25.5%。

图 5-3 是仅从"量"的角度分析不同消耗系数下最大允许水资源开发利用的情况，由此看出，随着消耗系数的增加，最大允许水资源开发利用率的值在波动减小，以消耗系数 0.4、0.6、0.9 为界，最大允许水资源开发利用率可以划分为 4 个范围，分别对应 100%、60%～100%、40%～60%、40%，如果消耗系数是 0.6，最大允许水资源开发利用率为 60%。

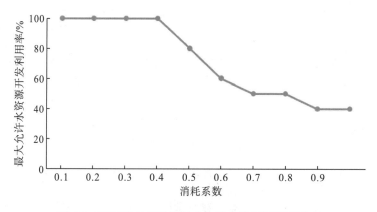

图 5-3　不同消耗系数下最大允许水资源开发利用率

5.3.2　污径比与生态需水的关系

在二元水循环下，不同水资源开发利用率、不同消耗系数下的污径比如表 5-7 所示，图 5-4 表征水资源开发利用率 u、消耗系数 k、污径比 b_w 之间的关系。

表 5-7　不同水资源开发利用率、不同消耗系数下的污径比

水资源开发利用率/%	消耗系数								
	0.1	0.2	0.3	0.4	0.5	0.6	0.7	0.8	0.9
0	0	0	0	0	0	0	0	0	0
10	0.09	0.08	0.07	0.06	0.05	0.04	0.03	0.02	0.01
20	0.18	0.17	0.15	0.13	0.11	0.09	0.07	0.05	0.02
30	0.28	0.26	0.23	0.21	0.18	0.15	0.11	0.08	0.04
40	0.38	0.35	0.32	0.29	0.25	0.21	0.17	0.12	0.06
50	0.47	0.44	0.41	0.38	0.33	0.29	0.23	0.17	0.09
60	0.57	0.55	0.51	0.47	0.43	0.38	0.31	0.23	0.13
70	0.68	0.65	0.62	0.58	0.54	0.48	0.41	0.32	0.19
80	0.78	0.76	0.74	0.71	0.67	0.62	0.55	0.44	0.29
90	0.89	0.88	0.86	0.84	0.82	0.78	0.73	0.64	0.47
100	1.00	1.00	1.00	1.00	1.00	1.00	1.00	1.00	1.00

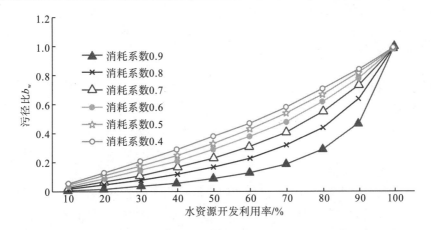

图 5-4　不同消耗系数下水资源开发利用率与污径比的关系

表 5-7 为生态水质评价的参考标准，在已知水资源开发利用率和消耗系数的前提下，通过查询该表可判断该区域生态需水是否达标。参考 Tennant 推荐的满足鱼类及生物栖息地的流量百分比及其等级，河流生态需水比例需大于或等于 60%。该表也可以为我们提供水资源开发利用率的预警值，如果以生态需水作为硬性的约束条件，可以得到在消耗系数为 0.6 的情况下，水资源开发利用率的阈值是 40%。

从图 5-4 看出，在消耗系数一定的情况下，污径比 b_w 随着水资源开发利用率的增大而增大，意味着水资源开发利用率越高，生态用水的"质"越差；在水资源开发利用率一定

的情况下,污径比 b_w 随着消耗系数的增大而减小,意味着消耗系数越大,生态需水的"质"越好,生态需水的"质"的好与差与水资源开发利用率成反比,与消耗系数成正比。因此,要达到某一阈值,就必须降低水资源开发利用率及提高水资源的消耗系数。

图 5-5 是仅从"质"的角度考虑,在不同消耗系数下允许水资源开发利用率的最大值,如在消耗系数是 0.6 的情况下,最大允许水资源开发利用率可升高至 40%,以消耗系数 0.4、0.6、0.8 为界,最大允许水资源开发利用率可以划分为 4 个范围,分别对应的是 30%、30%~40%、40%~60%、60%以上。

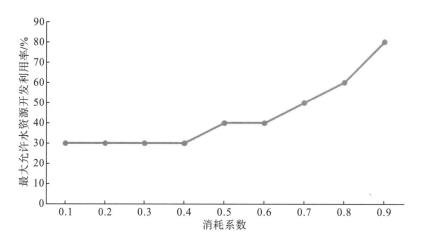

图 5-5   不同消耗系数下最大允许水资源开发利用率(仅从"质"的角度)

5.3.3   流域生态需水阈值

水具有诸多竞争性用途,如工业用水、灌溉、航运及发电等,社会用水通过引用地表水和抽取地下水来满足,然而这些水源正在因超采而枯竭。在水资源"量"和"质"不断逼近极限时,这种竞争性显得更加突出,且新的用水竞争者也随之出现。尽管在某些时段天然径流的一小部分就可以满足某种功能的需求,但是从长期来说,在某些时段需要更大的流量来保持河流的健康。

美国科学家的研究表明,50%保证率的河道流量的 60%是为大多数水生生物在主要生长期提供优良至极好的栖息条件和多数娱乐用途所推荐的径流量。而保持大多数水生动物有良好的栖息条件所推荐的河道内径流量为 50%保证率的河道流量的 30%~50%。河道内径流量为 50%保证率的河道流量的 10%(即 90%为河道外耗水),是保持大多数水生生物在全年生存所推荐的最低径流量。法国《乡村法》有关条款也有类似的规定,即河流最低环境流量不应小于多年平均流量的 10%,并明确指出实测径流至少应当有 5~10 年的资料。有学者认为地表水和可利用地下水总量的 50%~60%应留给自然环境。在平均降水量为 500~700mm 的区域,生态需水的标准可以以地表水和地下水总量的 50%为限,干旱区则应采用 60%。

我国幅员辽阔,气候条件、下垫面情况、生态状况和经济发展水平相差较大,所以生态需水量的确定要根据当地情况具体问题具体分析。我国学者认为,中国河川径流量的开采限度不能超过河道年来水量的 40%。原因在于，中国属于季风气候，径流量在时间上分配不均匀，不仅年际有差异，年内变化也很大，一般来说，枯水期径流仅占全年径流的 30%左右，汛期径流占全年径流的 70%左右。因此，河流中维持枯水期河流一定水位的这 30%的水量是生态环境的最低要求。如果枯水期河流中的水量少于此数值，便会对生态环境造成不可逆转的影响。

　　还有一种观点认为，在不影响生态环境的水资源合理开发利用率不超过 40%的国际标准的基础上，由于我国水资源紧张，一般采用的水资源开发利用率的标准是 60%～70%，生态需水的比例为 30%～40%。但也有人认为，一个国家的水资源开发利用率达到或者超过 30%，人类与自然的和谐关系就会遭到严重破坏。国际上认为，地表径流开发利用率一般保持在总流量的 25%～30%，最高不超过 40%(王西琴，2007)。

　　水资源开发利用率小于 40%可以保持理想的生态环境状况，即生态环境用水量至少要大于多年平均径流量的 30%，生态环境用水量如果达到多年平均径流量的 60%就能够为大多数水生生物在主要生长期提供优良至极好的栖息条件，并能够保证河流的多数娱乐用途。当然并不是生态环境用水量越多越好，如特大洪水可能会给各种旱生生物带来毁灭性的打击，生态环境用水量的上限还有待研究。湿润地区生态环境用水量基本能够满足水生生物的需求，但恶劣的水质对水生态系统的威胁很大，必须额外增加用于净化稀释污水的生态环境用水。干旱半干旱地区生态系统相对来说更加脆弱，必须保证充足的生态环境用水，否则生态系统极易遭到严重破坏。

　　在水资源有限，社会经济用水与生态需水之间的竞争关系日益尖锐的情况下，如何既能满足生态系统的生态需水需求，又能保证社会经济系统对水资源的需求，是亟须解决的问题，其关键是确定生态需水的阈值。

　　表 5-8 是在有关参数设定的前提下，根据式(5-6)和式(5-7)计算得出的现实生态需水的评价标准参照表。

表 5-8　水量与水质相结合评价河流生态需水参照表

水资源开发利用率/%	消耗系数								
	0.1	0.2	0.3	0.4	0.5	0.6	0.7	0.8	0.9
0	A	A	A	A	A	A	A	A	A
10	A	A	A	A	A	A	A	A	A
20	A	A	A	A	A	A	A	A	A
30	B	B	B	B	A	A	A	A	A
40	B	B	B	B	B	B	A	A	A
50	B	B	B	B	B	B	B	A	C
60	B	B	B	B	B	B	D	D	C
70	B	B	B	B	B	D	D	D	C
80	B	B	B	B	B	D	D	D	D
90	B	B	B	B	D	D	D	D	D
100	B	B	B	B	D	D	D	D	D

注：A、B、C、D 代表生态需水满足水量、水质标准的情况，A 代表水量与水质均达标；B 代表水量达标，水质未达标；C 代表水量未达标，水质达标；D 代表水量与水质均未达标。

　　比较不同水资源开发利用率、不同消耗系数情形下水量与水质相结合的评价结果（表5-8），发现两者之间存在差异。仅从水量角度进行评价的结果是，满足生态需水量60%标准以上的可达74.5%；如果从水质角度进行评价，能满足生态水质标准的占39.4%；同时满足水量与水质要求的仅占36.4%。

　　表5-8不仅为评价实际生态需水提供了参考依据，同时也为制定流域水资源开发利用程度和利用效率提供了科学依据。例如，假如某流域的消耗系数是0.7，要使实际生态需水满足水量与水质的要求，就必须使水资源的开发利用率限制在40%以下；假如某流域的水资源开发利用率已经达到70%，则无论消耗系数是多少，均不能使实际生态需水同时满足水量与水质的要求。因此，表5-8也揭示了流域水资源开发利用程度与社会水循环（消耗系数）是影响生态需水的"质"与"量"的关键因素，两者共同作用影响着实际生态需水的"质"与"量"。

　　以上分析可以作为解释国际水资源开发利用率阈值的依据。目前，国际上普遍认为，20%是水资源开发利用率的极限。表5-8表明，在水资源开发利用率为20%的情形下，无论水资源的消耗系数是多少，均可以满足生态需水"量"与"质"的要求。如果水资源开发利用率要超出20%，则对于消耗系数就有要求，如水资源开发利用率想要达到30%，则消耗系数必须高于0.5；如果水资源开发利用率要达到40%，则要求水资源的消耗系数必须在0.7以上。而我国水资源开发利用率为60%的情况下，则无论水资源的消耗系数是多少，生态需水都不能同时满足"量"与"质"的要求，在消耗系数小于0.6时，仅能满足量的要求。如果要使水资源开发利用率提高到50%，则只有消耗系数为0.8的情形下才能满足生态需水的"质"与"量"的要求。

　　从水量与水质相结合的角度，可以绘制出不同消耗系数下最大允许水资源开发利用率的值，如图5-6所示。

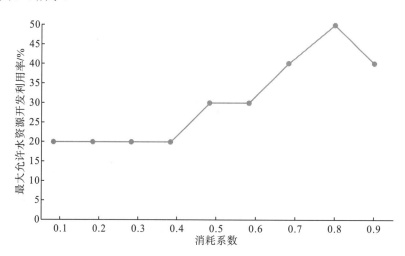

图5-6　不同消耗系数下最大允许水资源开发利用率（从水量与水质结合的角度）

　　由图5-6可知，水资源开发利用率可以划分为4个阶梯，消耗系数在0.1～0.4时，水资源开发利用率必须低于20%；消耗系数在0.4～0.6时，水资源开发利用率应介于20%～

30%；消耗系数在 0.6～0.8 时，水资源开发利用率应介于 30%～50%，而消耗系数在 0.8～0.9 时，水资源开发利用率应介于 40%～50%，这可以作为解释国际上公认 40%水资源开发利用率、30%水资源开发利用率极限、20%水资源开发利用率阈值的依据，揭示了我国60%水资源开发利用率的缺陷，同时也可以进一步揭示我国水环境污染的真正原因。随着人类社会的发展，水资源重复利用率、中水回用率得到提高，水资源开发利用率也会随之提高，从而降低水回归系数，在一定程度降低生态需水的阈值，缓解经济用水与生态用水之间的矛盾。

5.3.4　岷江上游流域生态需水阈值

由《2017 年阿坝州水资源公报》可查到汶川县、理县、茂县、松潘县、黑水县 5个县旱期 4 个月的行政区水资源总量、行政分区供水量和消耗系数，按照式(5-6)和式(5-7)对岷江上游流域水资源开发利用率及生态需水比例进行计算，结果详见表 5-4。以《2017 年阿坝州水资源公报》为基础数据，经计算可知，岷江上游流域水资源旱期用水量为 7927 万 m^3，流域水资源总量为 141.07 亿 m^3，平均消耗系数为 0.7，旱期生态需水比例 E_a 为 56.89%，生态需水评价等级为较好，生态需水基本不短缺，还未超过其生态需水阈值。

第6章 基于指标体系评价法的水资源承载力分析

6.1 指标体系评价法在水资源领域的相关研究

水资源评价的指标体系可分为单项评价指标体系和综合评价指标体系,前者主要包括对水资源的承载力、丰富度、脆弱性、价值、生态环境影响、开发利用特性、管理等的评价,后者主要是对水资源可持续利用的评价。水资源评价就是评价水资源的量、质量、分布范围、可靠性及人类活动的影响,对水资源开发利用状况及开发潜力做出评估,对供需之间可能出现的矛盾进行预估,为合理开发利用水资源提供科学的依据,通常解释为"水资源评价就是要定量查清某一特定地区水资源的可利用程度和社会生产、生活所需水资源的可满足程度"。

1979年,我国进行了第一次水资源评价,全面系统地描述了全国地表水及地下水资源的量、质量、分布规律及开发利用状况等,为国民宏观经济决策、工农业布局、水资源开发利用与保护提供了科学依据。随后,为适应经济发展需要,1985~1987年陆续开展了华北地区水资源开发利用研究、西北地区水资源合理配置研究、全国水资源量中长期供求计划编制、地下水开发利用规划、缺水城市供水水源地规划等区域性和专题性水资源评价工作,在1984年和1994年完成了两次全国水质评价。近20年来,许多专家学者针对不同地区、不同流域,在水资源评价方面做了大量的研究工作,采用了不同的评价指标体系,大致可分为水资源单项评价指标体系和综合评价指标体系。单项评价指标体系就是针对水资源的某一特定属性,如水资源的质量、承载力、丰富度、脆弱性、价值、生态环境影响、利用特性、管理等,进行全面深入细致的研究,不同属性的评价有其相应的指标体系。综合评价指标体系是研究水资源与社会、经济、环境间的相互制约关系,综合考虑自然、社会、经济、环境、人文等多种因素,建立的水资源可持续开发利用指标体系。

徐良芳(2002)分析了现有区域水资源可持续利用评价指标体系的国内外研究进展和存在的不足,建立了区域水资源可持续利用评价指标体系,提出运用离差法、主成分分析法和层次分析方法计算指标,利用动态和静态相结合的方法对指标进行评价。

王友贞等(2005)从区域水资源社会经济系统结构分析入手,围绕资源承载力评价指标体系的建立问题,提出水资源承载力可以用宏观指标和综合指标来衡量,综合指标反映水资源社会经济系统的承载状态和协调状况,建立了水资源承载力的计算模型与方法。

王海林等(2010)根据大汶河流域复合水系统的现状和特点,运用层次分析法和重要性指标筛选法对指标进行了筛选,最终确立了涵盖水资源、社会经济和生态环境方面的由4个领域、10个准则、23个指标组成的指标体系,以反映大汶河流域复合水系统开发利用与保护管理情况。

吴书悦等(2014)在分析水资源管理"三条红线"的内涵及其相互关系的基础上,构建了包含目标层、准则层和指标层三个层次结构的指标体系，最终确立了由水资源开发利用控制、用水效率控制、水功能区限制纳污 3 个准则、10 个指标组成的水资源管理"三条红线"控制指标体系。

曾维华等(2017)针对目前我国水环境承载力概念和研究范畴不明确、评价目的模糊与指标体系针对性不强等问题，在界定水环境承载力概念基础上，系统整合现有水环境承载力评价方法，将其归纳为三类：水环境承载力大小评价、水环境承载状态评价与水环境开发利用潜力评价，建立水环境承载力评价方法体系。

沈珍瑶等(2015)从水资源可再生性出发，在构造水资源可再生能力指标体系的基础上，建立了水资源可再生能力指标体系、生态环境用水优先的水资源开发阈值评价指标体系和水资源可再生性维持指标体系(即可持续利用指标体系)，并利用均方差决策方法，对黄河流域二级分区的水资源持续利用情况进行了定量评价。

朱永彬和史雅娟(2018)利用模糊数学评价法，从供水、需水和水质 3 个方面构建指标体系，并且基于该评价指标体系，选取中国 32 个大中城市为研究对象，对其水资源价值进行评价，同时计算出反映支付能力的水资源价格。

周奉等(2018)以黔中典型区县为例，基于 DPSIR 模型构建了反映黔中地区水资源脆弱性的评价指标体系，采用熵权-TOPSIS 法对研究区 2007 年和 2015 年的水资源脆弱性进行评价，认为地区经济社会迅速发展对水资源需求急剧增加、大型水资源工程缺乏及水资源利用率低是区域水资源脆弱的主要原因。

余灏哲等(2020)指出，在现有水资源的评价指标体系构建过程中，主要以水资源量、承载力为重要指标，在此基础上给出了京津冀水资源承载力的综合评价方法，建议加强生态环境保护协作，形成水资源保护—水环境治理—水资源管理等多领域的协作机制。

薛超(2020)从水资源协调管理、生态环境、经济社会和水资源保护 4 个层面，选用层次分析法和德尔菲法构建包含 20 项指标、4 个子系统和 1 个目标层的梯阶框架体系，指出辽宁省下游河道枯水期水资源短缺严重、群众节水意识有待提高、水环境治理能力不够的问题。

张超等(2021)详细阐述了在水文资源分析管理中的指标体系建设、指标数据分析处理、准则权重计算、次序权重计算、OWA-GIS(OWA 指有序加权平均，ordered weighted averaging)评价等过程中 GIS 技术应用的关键环节，对基于 GIS 技术的水文水资源分析管理提供了应用方向和评价方法，为水文分析管理技术的发展提供了参考。

6.2　流域水资源承载力指标体系的建立

为构建科学合理的水资源管理"三条红线"控制指标体系，使系统中大量相互关联、相互制约的因素条理化、层次化，应当按照一定的步骤构建相应的指标体系。在构建水资源管理"三条红线"控制指标体系时，分以下三步进行：①收集相关资料，提出控制指标体系的目标及其影响因素；②对收集的资料数据进行分析计算，分析各影响因素之间的关系，确定指标体系的层次，进行指标初选，初步构建水资源管理"三条红线"控制指标体系；③对初选指标进行筛选（包括定性筛选和定量筛选）、优化后，确定指标之间的层次和结构，再反复讨论、修改，不断完善，确定最终的指标体系。

6.2.1　指标的初选

指标初选的目的是确定能够全面反映与系统目标要求相关的指标，而对所选指标是否重复、指标构成的关系、指标的实际可操作性等方面并无要求。通过对水资源管理"三条红线"内涵的分析，确定系统的总目标为全面实现水资源管理"三条红线"，并从水资源开发利用、用水效率和水功能区限制纳污 3 个方面对总目标进行进一步分解，采用理论分析法和频度分析法确定指标体系的初选指标。理论分析法是对研究对象的内涵、特征进行综合分析，分析每个指标的代表性、针对性、综合性和系统性，最终确定出最重要、最能体现研究对象特征的指标。频度分析法是在阅读大量相关文献的基础上，对已有的相关研究成果进行统计分析，对出现的各项指标进行频度统计，初步确定一些使用频率较高的指标。

经过初步分析，初步确定水资源管理"三条红线"控制指标体系，该指标体系包括三个层次：目标层(O)、准则层(S)和指标层(I)。目标层 O 为水资源管理"三条红线"控制，处于整个指标体系的最高层，从宏观上反映水资源管理"三条红线"的控制水平；准则层 S 包括水资源开发利用控制(S1)、用水效率控制(S2)、水功能区限制纳污(S3)"三条红线"，反映每条红线的控制水平；根据各控制红线的主要影响因素，设置指标层(I)，采用具体的控制指标体现"三条红线"各自的实现水平。初步拟定的水资源管理"三条红线"控制指标体系见表 6-1。

表 6-1　水资源管理"三条红线"控制指标体系初选

目标层(O)	准则层(S)	指标层(I)
水资源管理"三条红线"控制	水资源开发利用控制(S1)	用水总量(I101) 生活用水总量(I102) 工业用水总量(I103) 农业用水总量(I104)
	用水效率控制(S2)	人均生活用水量(I201) 城镇人均生活用水量(I202) 农村人均生活用水量(I203) 万元工业增加值用水量(I204) 农田灌溉单位面积平均用水量(I205) 万元 GDP 用水量(I206) 农田灌溉水有效利用系数(I207) 节水灌溉工程率(I208) 城市供水管网漏损率(I209) 工业用水重复利用率(I210) 节水器具普及率(I211) 非常规水源利用率(I212)
	水功能区限制纳污(S3)	城镇污水处理回用率(I301) 水功能区水质达标率(I302) 城镇生活污水集中处理率(I303)

6.2.2 指标的优选

表 6-1 中所选指标反映了水资源管理"三条红线"控制的各个方面，但在实际应用过程中，并非指标越多越好，关键在于指标所起作用的大小，指标间信息的重叠会直接或间接地影响评价结果，因此，为了保证结果的可靠性，需进一步对初选指标进行筛选和优选。

目前，指标优选的方法主要有德尔菲法、主成分分析法、相关系数法、聚类分析法等，这些方法从指标的重要性、敏感性、独立性和代表性等方面对其进行筛选，其中德尔菲法属于定性分析的方法，其他方法属于定量分析的方法。定性分析缺乏客观的标准，存在较大的主观性；定量分析可以避免主观性，但在重要性和代表性方面又存在着不足。采用定性分析和定量分析相结合的方法进行指标优选，即采用德尔菲法和主成分分析法相结合的方法选出最具代表性的指标，确定指标体系，指标优选的过程如下。

(1)选取 10 名具有丰富水资源管理知识和实践经验的专家组成专家组。根据初步拟定的控制指标体系，编制专家咨询表。请专家根据自己的经验和知识对指标按照"重要"(90～100 分)、"较重要"(80～90 分)、"一般"(70～80 分)、"较不重要"(60～70 分)和"不重要"(<60 分)5 个等级进行判别。

(2)统计专家的打分情况，计算每个指标的平均值，选取平均值高于 70 分的指标进行主成分分析，以主成分分析法原理为基础，运用 SPSS 软件对指标群进行分析，确定最终的指标。主成分分析法步骤如下：①对原始数据进行标准化处理；②建立变量的相关系数矩阵 R；③求解相关系数矩阵特征值及各个主成分的方差贡献率和累计贡献率，根据累计贡献率确定主成分保留的个数；④选取主成分，结合主成分分析结果对研究对象进行深入研究。

根据分析结果可知，选取前 6 个主成分来反映原来的 10 个变量，这 6 个主成分为所提取的 6 个潜在的综合性指标，可基于 10 个变量的指标，根据提取的主成分数量，确定因子载荷矩阵。在第 1 主成分中，用水总量、人均生活用水量、万元工业增加值用水量、农田灌溉单位面积平均用水量这 4 个指标占有较高的载荷；在第 2 主成分中，农田灌溉水有效利用系数占有较高的载荷；在第 3 主成分中，水功能区水质达标率占有较高的载荷；在第 4 主成分中，工业用水重复利用率占有较高的载荷；在第 5 主成分中，城镇生活污水集中处理率占有较高的载荷；在第 6 主成分中，万元 GDP 用水量和城市供水管网漏损率2 个指标占有较高的载荷。

经过上述步骤的筛选，最终确定用水总量、人均生活用水量、万元工业增加值用水量、农田灌溉单位面积平均用水量、万元 GDP 用水量、城市供水管网漏损率、工业用水重复利用率、农田灌溉水有效利用系数、水功能区水质达标率和城镇生活污水集中处理率共10 个指标。

6.2.3 指标体系的确定及各指标的含义

通过指标初选和优选，对各指标序号进行重新分配，最终建立水资源管理"三条红线"控制指标体系(表 6-2)，具体的指标及其含义如下：I11，用水总量=生活用水总量+生产用水总量+生态环境补水总量；I21，人均生活用水量=生活用水总量/总人口数；I22，万元工业增加值用水量=工业用水量/工业增加值；I23，农田灌溉单位面积平均用水量=农田灌溉用水量/农田实际灌溉面积；I24，万元 GDP 用水量=工业用水总量/GDP；I25，城市供水管网漏损率=(出厂水量－入户水量)/出厂水量×100%；I26，工业用水重复利用率=工业用水重复利用量/工业用水总量×100%；I27，农田灌溉水有效利用系数=田间净灌溉水量/干渠渠首总引水量；I31，水功能区水质达标率=水功能区水质达标个数/水功能区评价总个数×100%；I32，城镇生活污水集中处理率=城镇集中处理的生活污水量/城镇生活污水总量×100%。

表 6-2　最终选择的水资源管理"三条红线"控制指标体系

目标层(O)	准则层(S)	指标层(I)
水资源管理"三条红线"控制	水资源开发利用控制(S1)	用水总量(I11)
	用水效率控制(S2)	人均生活用水量(I21)
		万元工业增加值用水量(I22)
		农田灌溉单位面积平均用水量(I23)
		万元 GDP 用水量(I24)
		城市供水管网漏损率(I25)
		工业用水重复利用率(I26)
		农田灌溉水有效利用系数(I27)
	水功能区限制纳污(S3)	水功能区水质达标率(I31)
		城镇生活污水集中处理率(I32)

6.3　岷江上游流域水资源承载力分析

　　由于本书研究的对象是内河流域，在参考水资源承载力的多项研究成果并充分挖掘流域水资源本质特征的基础上，本书认为，流域水资源承载力是指流域自身的水资源能够持续支撑社会经济发展和维系良好生态环境系统的能力。这里的"流域"涵盖全流域甚至更大的流域范围，"持续"和"维系"体现了经济社会的发展和生态环境的平衡度，"能力"不仅包括单纯的最大开发规模或人口容量，而是作为社会系统和生态系统的支撑能力。对流域水资源承载力的理解应考虑以下四点：一是作为生态经济系统的一部分，流域水资源承载力应综合考虑水资源对人口、资源、环境和社会经济协调发展的支撑能力；二是流域水资源承载力必须符合可持续发展战略框架；三是流域水资源相对其他自然资源的独特性，它既是生命与环境不可缺少的要素，又是社会经济发展的物质基础，还与湖泊水资源不同；四是周期性、复杂性和伸缩性是流域水资源承载力的本质特征。

　　由于水资源具有自然属性、环境属性、生态属性、资产属性和社会属性等多重属性，岷江上游流域水资源承载力既能表现出这些属性和联系的总体反映，又能准确地度量水资源与人口、资源、社会经济和生态环境的配置关系。其影响因素包括流域社会经济发展状况和生产力水平、流域水资源基础条件和开发利用程度、人口数量和生活水平、科学技术水平和生态环境基础。

6.3.1　岷江上游流域水资源承载力影响因素分析

1. 岷江上游流域水文情况对水资源承载力的影响

岷江上游流域的水资源主要为符合生活和生产用水需要的河川径流。岷江上游流域水资源特征主要反映在河川径流的时空分布和年际变化上。根据多年水文实测资料，岷江上游流域的河川流量变化呈明显的年循环特征，但逐年的流量变化具有不重复性，因此可以把每年的最大、最小和平均径流量以及各相同时期的时段径流量等特征值作为随机现象研究。而长时间系列的平均径流量则是从宏观上认识岷江上游流域水资源规模的重要特征值。

岷江上游流域地区年降水量为 494~1332mm，降水时空分布不均衡。岷江上游流域地区干湿季节分隔明显，降水差异较大。岷江上游地区核心区五县的可利用水资源量有较大的差异，茂县最小，然后依次是黑水县、汶川县、理县，松潘县最大。岷江上游流域地区半山地区降水量较大，来源主要为高山融雪。

2. 岷江上游流域水资源的特点

据都江堰水文站监测数据，近几十年来，岷江上游流域年均降水量呈下降趋势，但从水资源总量来看，岷江上游流域地区水资源总量比较大，河道大部分经深山峡谷，河流落差大，水源年内分布不均，降水空间分布不均。因此，岷江上游流域水资源的特点是水量丰富、时空分布不均、存蓄性差。

3. 岷江上游流域经济发展带来的影响

从有利方面来看，一般情况下，随着经济的发展和社会的进步，水需求不断上升，供需矛盾日益突出，水资源成为经济发展的最大制约因素之一。岷江流域水资源供给相对充足，水资源对社会经济的制约较小。岷江上游流域水量丰富、落差大，两岸地势相对高差大，水电开发极为有利。岷江上游流域水质良好，可以作为生活用水，供水的生产成本极低；作为商品饮用水，可经简单处理直接装瓶；作为工业用水，可直接利用；作为养殖用水，对鱼类生长十分有利；旅游业可以直接对水面加以利用。总的来说，岷江上游流域水资源整体上利于流域生态经济的形成和发展。

从不利方面来看，岷江上游流域防洪和丰枯期调度的任务重，灾害频发，影响生产，加大社会生产力的消耗。流域内山高坡陡，耕地极度缺乏，农业很难扩大再生产。岷江上游流域土壤存蓄性差，降雨流失迅速，灌溉性农业难以发展，经常因缺水使农田受旱，这是岷江上游流域农业生产长期停滞不前的重要自然因素，航运也因水位落差大而难以发展。

6.3.2　岷江上游流域水资源承载力模型应用

从目前来看,国内外对干旱区和半干旱区流域的水资源承载力量化评价的研究多采用模糊综合评价法和主成分分析法的评价方法,相对来讲,模糊综合评价法在理论上是一种较成熟的方法,也是目前应用较多的一种方法,因此,在岷江上游流域这个干旱河谷地带的水资源承载力研究中,拟采用模糊综合评价法进行评价。

在流域水资源模型方面,模糊综合评价法克服了某些方法采用因子较多的缺陷,仅选取主要的影响因子,当然,这也可能在取舍过程中出现片面性。

1. 模型概述

给定两个有限论域:评判因素集合 $U = \{u_1, u_2, \cdots, u_m\}$ 和评语集合 $V = \{v_1, v_2, \cdots, v_n\}$,对 u_i 进行单因素评判,认定其受评价等级 v_j 的隶属影响度 r_{ij},获得由 m 个评价因素构成的评判矩阵 $\boldsymbol{R}$:

$$\boldsymbol{R} = \begin{bmatrix} r_{11} & \cdots & r_{1n} \\ \vdots & & \vdots \\ r_{m1} & \cdots & r_{mn} \end{bmatrix} \tag{6-1}$$

式中,$\boldsymbol{R}$ 为 U 到 V 上的一个模糊关系。

如果对各评判因素的权数分配为 $\boldsymbol{A} = [a_1, a_2, \cdots, a_m]$($\boldsymbol{A}$ 是有限论域 U 上的一个矩阵,且 $0 \leqslant a_i \leqslant 1$,$\sum\limits_{i=1}^{m} a_i = 1$),则通过模糊变换运算,得到一个模糊子集 V,其结果将对水资源承载力影响程度进行分类,考虑不同的权重,建立权重矩阵。则水资源承载力模型为 $\boldsymbol{B} = \boldsymbol{A} \times \boldsymbol{R} = [b_1, b_2, \cdots, b_n]$。

2. 对评价因素进行选取和分级

通过对流域水资源的现状进行分析,参照前述评价指标体系,选取水环境资源、社会人口、生态环境和社会经济 4 个子系统,找出综合反映水资源承载力的基本要素,对各个因素的影响程度以 v_1、v_2、v_3 和 v_4 共 4 个等级进行评分,定量获取各等级因素对水资源承载能力的影响,取 $a_1 = 0.15$,$a_2 = 0.45$,$a_3 = 0.85$ 和 $a_4 = 0.95$,并根据式(6-2)计算水资源承载力评分值。

$$a = \sum_{j=1}^{4} b_j^k a_j \bigg/ \sum_{j=1}^{4} b_j^k \tag{6-2}$$

式中,a 为基于综合评价结果矩阵 $\boldsymbol{B}$ 的水资源承载力评分值,a 值越大,说明水资源的开发潜力也就越大;k 值突出优势等级的作用,一般在干旱区取 $k = 1$。

3. 数据来源与因子选择

分析评价岷江上游流域水资源特点,遵循研究的可测性、可靠性及充分性原则,计算出边界条件(表 6-3),借鉴其他研究成果,将水资源承载能力影响程度划分成 3 个等级,每个等级因素的构成见表 6-4。

表 6-3　2011 年和 2016 年岷江上游流域水资源承载力评价指标

年份	灌溉率 u_1	水资源可利用率 u_2	水资源开发程度 u_3	供水模数 u_4	需水模数 u_5	人均供水量 u_6	生态环境用水率 u_7
2011	86.52	21.47	17.36	19.62	19.41	281.6	3
2016	94.56	24.32	19.51	19.06	24.35	312.5	3

注：表中数据为计算过程，无需单位。

表 6-4　水资源承载力综合评价指标分级值

评价因子	v_1	v_2	v_3
灌溉率	>60	60～20	<20
水资源可利用率	>75	75～50	<50
水资源开发程度	>70	70～30	<30
供水模数	>20	20～12	<12
需水模数	>20	20～12	<12
人均供水量	200	200～600	<600
生态环境用水率	>1	1～5	>5

注：表中数据为计算过程，故无需单位。

利用所选的评价指标因素 u_i 和指标分级值 v_i，通过式(6-1)，得到水资源评判矩阵：

$$R = \begin{bmatrix} 0.45 & 0.12 & 0.30 & 0 \\ 0 & 0.41 & 0.49 & 0.54 \\ 0 & 0.51 & 0.29 & 0.27 \\ 0.41 & 0.67 & 0.42 & 0 \\ 0.57 & 0.32 & 0.28 & 0 \\ 0.71 & 0.41 & 0.64 & 0 \\ 0 & 0.59 & 0.38 & 0.49 \\ 0 & 0.34 & 0.37 & 0.61 \\ 0 & 0.48 & 0.56 & 0.39 \\ 0 & 0.64 & 0.31 & 0.45 \end{bmatrix}$$

求得最终评判矩阵为 $B = A \times R = [0.36，0.59，0.27，0.59]$。

为了对水资源承载力的总体情况进行评价，对各分级进行打分，则总体评分 A 可通过式(6-2)得到。取 $A = [a_1, a_2, a_3, a_4] = [0.15，0.45，0.85，0.95]$，则可计算得到 2016 年 $A=0.592$，2011 年 $A=0.394$。

6.3.3　岷江上游流域水资源承载力模型应用结果分析

1. 运算结论分析

对于水资源承载力的运算结果而言，通常是 A 值越小，说明其潜力越大。在此将水资源承载力划分为轻载、适载、超载 3 个等级，与此对应的 A 值划分为 3 个区间值，取两个临界系数，即 A 值小于 0.4，则属于轻载范围；而 A 值大于 0.6，则属于超载范围；

在二者之间就认为是适载范围。从 A 值的结果来看，2011 年岷江上游流域水资源综合评价结果处于轻载范围，2016 年则处于适载范围，但已有超载的趋势，这说明应进行生态修复和保护，通过控制人口规模和调整产业结构来减小水资源承载压力。

对结果进行分析，水资源承载力综合能力出现上升趋势，说明流域水资源承载力逐渐得到提高，仍有一定的水资源开发潜力。按国际上较为通行的河流用水量不超过河流径流 40%的警戒线判断，同时需要考虑流域上游大型人工水面的蒸发损失，应注重深度开发岷江上游流域水资源，改变耗水型经济结构向节水型经济结构转变，适当发展节水灌溉，加强流域水资源综合开发利用水平和能力，控制水污染，科学利用有限的水资源。

2. 边界条件计算

影响水资源使用流向的各种因素既与水资源本身特点有关，也与国家发展政策和经济布局有关，还与人口、水资源需求、工农业水平、消费水平等有着密切关联。本书在流域人口预测的基础上，对岷江上游流域工农业生产及生活需水情况进行分析。

1）人口预测

岷江上游流域地区为多民族融合地区，由于国家政策、各民族风俗习惯及其观念的影响，岷江上游流域地区的人口自然增长率较高（与中下游地区相比）。近年来随着社会经济的发展和观念的转变，该地区的人口自然增长率有所降低，其人口数量的变化情况如表 6-5 所示。到 2020 年，岷江上游流域地区的总人口增加到 469279 人。

表 6-5　岷江上游流域人口总数变化情况　　　　　　　　（单位：人）

	地区	2006 年	2011 年	2016 年	2020 年
	汶川县	106119	102855	100716	138031
	理县	44335	46040	45802	52107
	茂县	104901	109408	113827	126575
	黑水县	57798	60455	52072	70381
	松潘县	69613	74166	75995	82185
	合计	382766	392924	388412	469279
其中	城镇人口	81734	96458	128246	140188
	农村人口	301032	296466	260166	329091

数据来源：《四川省统计年鉴（2021）》（四川省统计局，2022）。

2）需水量预测

岷江上游流域地区 2020 年人口总数为 469279 人，其中城镇人口为 140188 人，农村人口为 329091 人。该地区 2020 年城镇人均生活用水定额为 310L/d（含公共用水），农村人均生活用水定额为 230L/d（含牲畜用水），对管网渗漏等因素加以考虑，计算得出岷江上游地区 2020 年居民生活需水总量大约为 0.53 亿 m^3。

岷江上游流域地区 2020 年工农业用水定额高于全国平均水平，该地区 2020 年用水重复利用率大幅度提高。经过综合比较分析，岷江上游地区 2020 年工业总产值为 558426 万元，由此得出岷江上游地区 2020 年工业需水量大约为 1.28 亿 m^3，农业需水量大约为 0.91 亿 m^3。

通过对流域不同水平不同年份的水量供需平衡进行计算，岷江上游流域水资源虽然较为丰富，但是仍然有部分地区或时段存在缺水现象，主要表现为：一为工程性缺水，即当地有水资源，但缺少调水工程和输水工程，水利水电设施功能单一；二为季节性缺水，水源涵养地面积减少，水土保持功能降低，致使当地水资源不能满足用水需求。

岷江上游流域水资源承载力在时间上表现出较强的递变性，在空间上表现出较强的不均衡性。随着岷江上游流域各县经济发展、人口增长及水资源最佳承载方案的实施，流域各地区水资源承载力在时间上总体表现出先提高、后降低、再提高的过程。岷江上游流域内东北及西南的大部分地区的承载力较好，属于适载范围，而南部地区水资源承载力较弱，已接近超载。

第7章　基于水资源约束条件下岷江上游流域经济结构的确定

人类的经济活动离不开水资源。水资源对区域经济发展的保障作用主要体现在三个方面：水资源对经济总量的支持，水资源在产业结构演进中的作用(产业结构由低层次向高层次升级的过程)及其对产业空间布局的影响。在水资源学科中，从水资源系统与区域经济系统的关系出发，建立了许多有价值的理论和模型，来研究水资源对经济总量的贡献；在资源经济学中，水资源通常被视为产业空间布局的重要影响因素，但水资源与产业结构演进关系的研究尚处于起步阶段，有业界专家认为产业结构升级是工业用水量零增长的直接原因，许多研究分析了用水量或用水结构与产业结构的变化过程，认为产业结构调整是用水量变化的主要驱动力。

7.1　水资源对产业的影响机制

7.1.1　水资源对城镇产业发展方向的影响

丰富的水资源是经济发展的重要保证。人口增长、产业结构升级调整、经济可持续发展和生态环境良性发展都需要充足的水资源作为支撑(龚勤林等，2017)。从影响产业结构调整的因素来看，不同行业的水资源消耗量和强度是不同的。在工业化阶段，大量的水资源得到开发利用。随着工业经济向服务经济的转变，低端产业和集约型产业逐步向服务业和技术密集型产业转移，水资源消耗比重逐步降低。水资源对产业发展规模的影响主要体现在水资源对产业的支撑和制约上。

(1)水资源支撑产业发展，其作用方式趋于间接化和复杂化。水资源作为产业发展的基本支撑条件，保障产业正常生产和升级性转变。在以自然资源密集型产业为主导的前工业化时期，人类对水资源的利用主要在饮用、灌溉和水运等方面，水资源作为一种自然资源发挥直接作用；在工业化初期，纺织业、食品业等劳动密集型产业占主导地位，水资源一方面作为工业生产的原料直接进入产品中，另一方面还以间接方式发挥作用，如洗涤、冷却等，水资源的经济属性开始显现；在工业化中期，煤炭、电力、钢铁等原材料及加工组装型产业占主导地位，水资源的作用主要作为冷却、工艺用水，水资源主要以经济资源形式间接发挥作用；进入工业化后期和后工业化时期，技术和知识密集型产业占主导地位，产业对水资源的利用方式进一步间接化和复杂化，水资源更多的是作为一种环境资源发挥作用。随着产业结构的演进，水资源与主导产业的关联密切程度逐渐降低。

(2)水资源短缺制约产业发展，促使产业结构作适应性调整。产业发展的任何时期都对水资源有一定量与质的要求,当水资源短缺时,一些高耗水产业无法发展,产业结构必须作适应性调整,以改变水资源在不同产业间的分配。在现有价格体系下,为使有限水资源发挥出更大效益,在保证居民生活用水前提下,水资源在生产部门的分配会从用水效率较低部门向用水效率较高部门转移,即从农业部门向工业和服务业转移,农业内部种植结构会向低耗水型转移,工业内部从用水效率较低的火电、冶金、化工等产业向用水效率较高的机械、电子等加工型工业转移。因此,水资源短缺会促使产业结构作适应性调整。

7.1.2　水资源对城镇产业发展结构的影响

水资源影响下的产业结构调整和转型,是通过有效的政策措施鼓励企业、居民、农民等主体行为,使产业结构能够自发地从用水比重较大的第一产业向用水比重较小的第二产业和第三产业转变,使水资源向产值比重较高的产业流动(姜桂琴,2013)。产业结构调整主要通过产业结构升级和产业价值链升级两种途径实现。

(1)产业结构升级路径。其主要通过降低高耗水产业在第一产业中的比重,提高高耗水产业在第二、第三产业等新兴产业中的比重,实现水资源利用率的提高。我国虽然是农业大国,但在农产品选择、农业科技进步、农业专业化生产经营水平等方面仍有待提高。与其他国家相比,我国人均水资源占有量仍然较低,应大力推进农业科技进步,加快农业产业化发展进程,减小部分高耗水农产品的种植面积,根据我国各地区实际,大力发展节水农业、生态农林牧渔业、观赏农业,扩大蔬菜和淡水产品出口品种与数量,树立具有比较成本优势的农产品品牌,提高用水效率,降低农业用水量。

(2)产业价值链升级路径。这条路径是推动产业从高耗水的低端价值链向低耗水的高端价值链转变,通过价值链的升级实现产业结构的内部调整(雷社平等,2007)。如果我国水资源对第二产业没有形成明显的调整压力,第二产业用水量相当大,水资源的稀缺必然导致产业边际成本的增加。因此,要通过资源配置引导水资源流向低耗水的行业,促进水资源从火电、化工、冶金等高耗水行业向低耗水机械、电子等行业转移,通过价格杠杆降低工业系统的单位取水量和工业总用水量。

7.2　水资源与产业结构相关性分析

7.2.1　相关分析理论

相关关系是一种统计关系,是事物在各自的发展、变化和运动过程中所表现出来的一种相随变动的关系或趋势,它是指人们通过分析事物之间的相随变动的现象而对事物之间的相互联系加以描述的一种概念,其度量指标叫作相关系数。

相关分析理论最初是由英国生物学家弗朗西斯·高尔顿在研究人类遗传问题时首次提出来的,弗朗西斯·高尔顿的学生卡尔·皮尔逊在他的指导和帮助下继续研究相关理论,从而找到了可以计量两个变量之间或多个变量之间相关关系的一种公式,这个公式称为皮尔逊相关系数,简称为相关系数(周复恭和黄运成,1989)。

设两变量 x，y 均为随机变量，$(x_i,\ y_i)(i=1,2,\cdots,n)$ 为对 x，y 的一组观察值，则相应的样本协方差和样本相关系数为

$$r = \frac{L_{xy}}{\sqrt{L_{xx}L_{yy}}} \tag{7-1}$$

x 的离差平方和为

$$L_{xx} = \sum x^2 - \frac{\left(\sum x\right)^2}{n} \tag{7-2}$$

x 与 y 的离差平方和为

$$L_{xy} = \sum xy - \frac{\sum x \sum y}{n} \tag{7-3}$$

y 的离差平方和为

$$L_{yy} = \sum y^2 - \frac{\left(\sum y\right)^2}{n} \tag{7-4}$$

r 为相关系数，相关系数的绝对值越大，相关性越强；相关系数越接近于 1 或-1，相关度越强；相关系数越接近于 0，相关度越弱。通常情况下通过表 7-1 所示取值范围判断变量的相关强度。

表 7-1 相关系数取值范围

相关强度	极弱相关或无相关	弱相关	中等程度相关	强相关	极强相关
相关系数的绝对值	0.0～0.2	0.2～0.4	0.4～0.6	0.6～0.8	0.8～1.0

根据相关分析理论，当相关系数 $0.8 < |r| < 1$ 时，统计上认为 x 和 y 属于高度相关，此时有回归方程：

$$\bar{y} = a + bx_i \tag{7-5}$$

其中

$$a = \frac{\sum y}{n} - b\frac{\sum x}{n}, \quad b = \frac{L_{xy}}{L_{xx}}$$

在强相关的前提下，这时可以进行线性模拟分析，探求两个相关变量的相互影响程度，通过方程式的确立，可由一个或一个以上变量来推测另一个变量的可能值。从这一理论出发，若以产业结构的调整与发展为自变量，以用水量为因变量，通过相关系数的测定，可以发现各产业与用水量的相关程度，以及对水资源的依赖程度，以此寻求产业的发展方向，为实现水资源的优化配置提供理论依据。

7.2.2 水资源与产业结构相关度检验

结合研究区域可搜集的资料，并考虑数据的准确性，采用 2014～2017 年的 GDP 及结构进行检验分析，见表 7-2 和表 7-3。

表 7-2 2014～2017 年的 GDP 及结构

项目	2014 年		2015 年		2016 年		2017 年	
	绝对额 /万元	同比增长 /%	绝对额 /万元	同比增长 /%	绝对额 /万元	同比增长 /%	绝对额 /万元	同比增长 /%
地区生产总值	549934	13.3	556689	8.2	566473	3.6	575676	1.1
第一产业	28195	7.5	32544	5.6	35724	3.8	37643	3.9
第二产业	388085	15.2	378730	-2.4	373810	-1.3	379608	1.5
工业	358158	20.7	349006	8.9	345868	3.2	347818	1.1
建筑业	29927	-18	29724	3	27942	-4.7	31790	6.5
第三产业	133654	5.5	145415	7.9	156939	6.3	158425	-0.6

数据来源：阿坝藏族羌族自治州统计局《阿坝州年鉴(2015—2018 年)》。

表 7-3 2014～2017 年的产业 GDP 占比(%)

项目	2014 年	2015 年	2016 年	2017 年
第一产业占比	5.13	5.90	6.31	6.54
第二产业占比	70.57	68.03	65.99	65.94
第三产业占比	24.30	26.12	27.70	27.52

数据来源：阿坝藏族羌族自治州统计局《阿坝州年鉴(2015—2018 年)》。

岷江上游流域所在的阿坝藏族羌族自治州的水资源数据中，主要给出了各行政区的农业、工业、生态、生活用水量，而未具体划分第三产业用水量。为保证第三产业数据计算的准确性，采用研究区域水资源统计工作中常用的同口径社会经济用水指标，以及水资源普查中所使用的同口径计算方法，得出数据见表 7-4。

表 7-4 2014～2017 年的产业用水量占比

年份	第一产业		第二产业		第三产业		生活用水 /万 m³	生态用水 /万 m³	用水总量 /万 m³
	用水量/万 m³	占比/%	用水量/万 m³	占比/%	用水量/万 m³	占比/%			
2014	1308	62.29	260	12.38	138	6.57	393	1	2100
2015	1372	62.96	295	13.54	137	6.29	374	1	2179
2016	1480	64.40	309	13.45	146	6.35	362	1	2298
2017	1043	48.94	357	16.75	155	7.27	575	1	2131

在上述统计表中，本书将用水量记为 x，则各产业用水量为 x_i (i=1，2，3)，y_i (i = 1，2，3)记为各产业增加值所占比重。为便于计算，用水量单位取 $10^6 m^3$，计算数据见表 7-5～表 7-7。

表 7-5 计算数据(一)

年份	x_1	x_1^2	y_1	y_1^2	x_1y_1
2014	13.08	171.08	5.13	26.32	67.10
2015	13.72	188.24	5.90	34.81	80.95
2016	14.80	219.04	6.30	39.69	93.24
2017	10.43	108.78	6.53	42.64	68.11
总计	52.03	687.14	23.86	143.46	309.40
$\left(\sum x_1\right)^2$	2707.12	$\left(\sum y_1\right)^2$	569.3		

表 7-6 计算数据(二)

年份	x_2	x_2^2	y_2	y_2^2	x_2y_2
2014	26	676	70.57	4980.12	1834.82
2015	29.5	870.25	68.03	4628.08	2006.89
2016	30.9	954.81	65.99	4354.68	2039.09
2017	35.7	1274.49	66	4356.00	2356.20
总计	122.1	3775.55	270.59	18318.89	8237.00
$\left(\sum x_2\right)^2$	14908.41	$\left(\sum y_2\right)^2$	73218.95		

表 7-7 计算数据(三)

年份	x_3	x_3^2	y_3	y_3^2	x_3y_3
2014	13.8	190.44	24.3	590.49	335.34
2015	13.7	187.69	26.12	682.25	357.84
2016	14.6	213.16	27.7	767.29	404.42
2017	15.5	240.25	27.52	757.35	426.56
总计	57.6	831.54	105.64	2797.38	1524.16
$\left(\sum x_3\right)^2$	3317.76	$\left(\sum y_3\right)^2$	11159.81		

由式(7-1)~式(7-4)可得相关度具体计算公式:

$$r = \frac{n\left(\sum xy\right) - \left(\sum x\right)\left(\sum y\right)}{\sqrt{\left[n\sum x^2 - \left(\sum x\right)^2\right] \times \left[n\sum y^2 - \left(\sum y\right)^2\right]}} \tag{7-6}$$

进而求得第一、第二、第三产业用水量与增加值占比的相关系数分别为 r_1=0.28,r_2 = 0.87,r_3=0.75。由于考虑的是整体产业结构与用水量的相关程度,因此按照各产业 4 年来所占 GDP 的比重平均值作为权重,进行加权平均,则

$$r = \frac{\sum r_i y_i}{\sum y_i} = \frac{0.28 \times 5.97 + 0.87 \times 67.65 + 0.75 \times 26.41}{100} = 0.8033 \tag{7-7}$$

按照相关强度系数划分（表 7-1），$0.8 \leqslant r \leqslant 1$，属于极强相关。这说明岷江上游流域三大产业的结构与其用水量有着高关联性。

7.3　水资源对第一产业的结构及产业模式的影响

7.3.1　水资源与第一产业结构相关性分析

1. 产业结构与用水结构相关度分析

由表 7-3 和表 7-4 可知第一产业 2014～2017 年的用水占比与增加值占比，见表 7-8。

表 7-8　2014～2017 年的用水占比与第一产业增加值占比（%）

项目	2014 年	2015 年	2016 年	2017 年
第一产业增加值占比	5.13	5.90	6.31	6.54
用水占比	62.29	62.96	64.40	48.94

计算过程见表 7-9。

表 7-9　计算过程

年份	x	x^2	y	y^2	xy
2014	62.29	3880.04	5.13	26.32	319.55
2015	62.96	3963.96	5.90	34.81	371.46
2016	64.40	4147.36	6.31	39.82	406.36
2017	48.94	2395.12	6.54	42.77	320.07
总计	238.59	14386.48	23.86	143.72	1417.44
$\left(\sum x\right)^2$	56925.19		$\left(\sum y\right)^2$	569.30	

$$r = \frac{n\left(\sum xy\right) - \left(\sum x\right)\left(\sum y\right)}{\sqrt{\left[n\sum x^2 - \left(\sum x\right)^2\right] \times \left[n\sum y^2 - \left(\sum y\right)^2\right]}} = 0.008 \tag{7-8}$$

0.008（计算结果与之前约同）小于 0.2，按照表 7-1，第一产业增加值占比与用水量占比为极弱相关或无相关。可能的原因有两点：第一，样本数量不足且存在随机误差；第二，第一产业用水量占比的增加不会促进产业占比的增长，说明不能依靠用水量的投入增长第一产业的增加值。

2. 第一产业用水对第一产业增加值的影响分析

由表 7-2～表 7-4 可知 2014～2017 年第一产业用水与增加值的数据，见表 7-10。

表 7-10　2014～2017 年第一产业用水量与增加值占比

项目	2014 年	2015 年	2016 年	2017 年
第一产业增加值/万元	28195	32544	35724	37643
与上一年同比增长/%	7.5	5.6	3.8	3.9
第一产业增加值占比/%	5.13	5.90	6.31	6.54
第一产业用水量/万 m³	1308	1372	1480	1043
第一产业用水量占比/%	62.29	62.96	64.40	48.94

用当年产业增加值与当年产业用水量来揭示水资源的投入与产出的关系，见表 7-11。

表 7-11　2014～2017 年第一产业用水效益

项目	2014 年	2015 年	2016 年	2017 年
第一产业增加值/万元	28195	32544	35724	37643
第一产业用水量/万 m³	1308	1372	1480	1043
用水效益/(元/m³)	21.56	23.72	24.14	36.09

由表 7-11 可知，岷江上游流域第一产业水资源的用水效益在逐年增加，可能原因有三点：一是产品价值未变而用水量降低；二是用水量未变而产业附加值增长；三是产业增加值与用水量的共同作用。

对四川省、阿坝藏族羌族自治州、岷江上游流域地区的第一产业增长率进行对比分析，数据见表 7-12。

表 7-12　2013～2016 年四川省、阿坝藏族羌族自治州、岷江上游流域的第一产业增长率(%)

地区	2013 年	2014 年	2015 年	2016 年
四川省	3.5	3.8	3.7	3.8
阿坝藏族羌族自治州	4.9	4.7	4.2	4.5
岷江上游流域	6.3	7.5	5.6	3.8

由表 7-12 可知，岷江上游流域 2013～2016 年第一产业的增加值增速逐渐降低，趋于四川省同期水平，但低于阿坝藏族羌族自治州的同期增长率。由此可推断，研究区域的第一产业与其所在地区比较，并不具备明显的产品价值优势。而 2013～2016 年第一产业与全省第一产业增长率持平，说明岷江上游的第一产业增长较为稳定。

综上可知，岷江上游流域在 2016 年以前，第一产业节水工作无明显成效。2016 年该地区推动岷江流域水生态综合治理工程及《生态经济发展规划》，该地区第一产业应生态发展要求采取强有力的节水措施。从水资源的投入和产出效益来看，阿坝藏族羌族自治州第一产业发展未受到产业节水的不利影响，水资源的使用效益明显增长。进而可知，岷江上游流域第一产业需继续保持节水力度，且第一产业的用水量降低也将提高经济社会发展的综合效益。

7.3.2　水资源对第一产业模式和选择的影响

第一产业长期以来都是用水大户,岷江上游流域近年来第一产业的增加值占比平均仅有 6%,但用水量占比却高达 60%左右,其用水效益明显较差。由于第一产业用水量取决于其中各产业的用水量,因此要解决第一产业的用水效益问题,就需要从第一产业的各产业用水效益、产业发展模式、各产业结构上进行考虑。2013～2017 年岷江上游流域第一产业中各产业产值见表 7-13。

表 7-13　2013～2017 年岷江上游流域第一产业中各产业产值　　　（单位:万元）

项目	2013 年	2014 年	2015 年	2016 年	2017 年
农林牧渔业总产值	37653	28195	32544	35724	37643
农业产值	17692	19682	23185	23283	24141
林业产值	8517	9129	9515	9992	10938
畜牧业产值	9361	11826	13781	18894	20346
渔业产值	124	192	231	260	348
农林牧渔服务业	1959	2146	2286	2512	2852

数据来源:阿坝藏族羌族自治州统计局《阿坝州年鉴》(2014—2018 年)。

由表 7-13 可知,岷江上游流域 2013～2017 年第一产业的主导产业有由农业为主转变为畜牧业为主的趋势,畜牧业产值增长速度最快。渔业和农林牧渔服务业的产值太小,且统计数据缺乏,因此在研究水资源的使用效益上,本书选择产值占比较大的农业、畜牧业、林业进行研究。

1. 对畜牧业的分析

对畜牧业用水进行分析时,在《水资源公报》中未出现各行业的用水量数据,因此只能按照《四川省用水定额》对行业用水进行估算。岷江上游畜牧业的养殖产品主要是猪、牛、羊、家禽和兔。根据《四川省用水定额》,猪、牛、羊、家禽、兔的用水定额分别为30L/(头·d)、60L/(头·d)、10L/(只·d)、0.6L/(只·d)、0.5L/(只·d)。

由各年畜牧业养殖数量(表 7-14)及用水定额可得出畜牧业每年的水资源耗用量,并通过产值与用水量比值得到各年畜牧业的水资源使用效益,见表 7-15。

表 7-14　2013～2017 年岷江上游流域第一产业畜牧业养殖数

年份	饲养生猪/头	饲养牛/头	饲养羊/只	饲养家禽/只	饲养兔/只
2013	73080	19026	25045	136014	7300
2014	76680	19393	26380	158061	7825
2015	80220	19772	31150	162320	8200
2016	88140	20454	31396	163189	8250
2017	92438	19686	30727	126280	8007

数据来源:从流域各县统计年鉴中的农业具体数据整理得出。

表7-15　2013～2017年岷江上游第一产业畜牧业水资源耗用量

项目	2013年	2014年	2015年	2016年	2017年
畜牧业产值/万元	9361	11826	13781	18894	20346
畜牧业用水量/万m³	113.94	139.67	146.21	156.49	158.46
用水效益/(元/m³)	82.16	84.67	94.25	120.74	128.4

数据来源：从流域各县统计年鉴中的农业具体数据整理得出。

2. 对农业的分析

农业的用水量统计与畜牧业的统计采用一致的方法，即《四川省用水定额》进行计算。流域农业产品及类型主要为粮食、土豆、玉米、红薯、豆类、油料作物、蔬菜、药材、茶、水果，其用水定额分别为105m³/亩、90m³/亩、150m³/亩、75m³/亩、90m³/亩、170m³/亩、270m³/亩、340m³/亩、100m³/亩、60m³/亩，考虑各类作物的种植周期进行用水定额的折算，2013～2017年主要农作物种植面积详见表7-16。

表7-16　2013～2017年农业主要作物种植面积统计　　　　　　（单位：亩）

年份	小春粮食	土豆	大春粮食	玉米	红薯	豆类产量	油料作物	蔬菜	药材	茶园	水果
2013	9435	12690	41100	36660	513	142	9150	32970	3600	5670	42300
2014	9060	13185	40065	35220	525	93	9450	33870	6285	6108	44100
2015	9150	13440	39945	33540	657	657	9690	33495	6885	5694	45094
2016	9210	14085	37545	29760	971	302	9720	30540	8805	3569	51707
2017	8220	11835	38616	30197	848	401	8865	28560	7630	5070	50967

数据来源：从流域各县统计年鉴中的农业具体数据整理得出。

由表7-16及四川省用水定额进行计算，可以得出2013～2017年第一产业农业水资源耗用量见表7-17。

表7-17　2013～2017年岷江上游流域第一产业农业水资源耗用量

项目	2013年	2014年	2015年	2016年	2017年
农业产值/万元	17692	19682	23185	23283	24141
农业耗水量/万m³	1182.87	1225.3	1225.8	1197.3	1150.77
用水效益/(元/m³)	14.96	16.06	18.91	19.45	20.98

数据来源：从流域各县统计年鉴中的农业具体数据整理得出。

根据表7-15和表7-17的计算结果，对畜牧业和农业的水资源使用效益进行对比，详见图7-1。由图7-1可知，畜牧业的用水效益大于农业的用水效益，且畜牧业用水效益逐年增长趋势也好于农业，说明畜牧业的节水增效成果要好于农业。

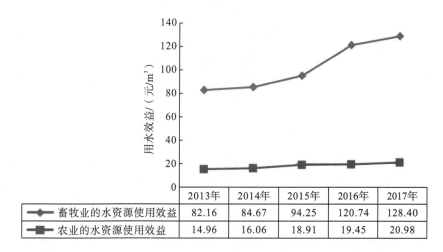

	2013年	2014年	2015年	2016年	2017年
畜牧业的水资源使用效益	82.16	84.67	94.25	120.74	128.40
农业的水资源使用效益	14.96	16.06	18.91	19.45	20.98

图 7-1　2013～2017 年岷江上游流域第一产业畜牧业与农业用水效益对比

3. 对林业的分析

第一产业主要通过人工供水和天然供水两种渠道利用水资源。目前在追求高产的同时，农业用水主要通过人工供水，自然水源较少。整个行业除了使用少量的天然水作为牲畜用水外，几乎都使用人工供水。与农业和畜牧业不同，林业只在苗木培育阶段使用较多的人工供水，生长后几乎都使用天然水，因此林业用水对第一产业用水总量的贡献较小。此外，林业发展有利于水土保持。在研究区生态规划和生态经济发展规划中，将天然林保护、退耕还林和受损山地植被恢复列入重点工作，并采用生态红线指数进行评价。

综上所述，在岷江上游流域水资源利用现状的制约下，第一产业作为用水大户，需要严格控制，水资源利用效率最高的畜牧业和生态效率最高的林业应是岷江上游流域第一产业的发展方向。考虑到经济效益和生态效益，第一产业应以提高产品附加值和降低农业用水量为发展目标。

7.4　水资源对第二产业的结构及产业模式的影响

7.4.1　水资源与第二产业结构相关性分析

1. 产业水结构与用水结构相关度分析

2014～2017 年岷江上游流域第二产业用水量与增加值占比详见表 7-18。

表 7-18　2014～2017 年岷江上游流域第二产业用水量占比与增加值占比（%）

项目	2014 年	2015 年	2016 年	2017 年
增加值占比	70.57	68.03	65.99	66.00
用水量占比	12.38	13.54	13.45	16.75

按式(7-5)进行计算,计算过程见表7-19。

表 7-19　计算过程

项目	x	x^2	y	y^2	xy
2014 年	12.38	153.26	70.57	4980.12	873.66
2015 年	13.54	183.33	68.03	4628.08	921.13
2016 年	13.45	180.90	65.99	4354.68	887.57
2017 年	16.75	280.56	66.00	4356.00	1105.50
总计	56.12	798.05	270.59	18318.88	3787.86
$\left(\sum x\right)^2$	3149.45	$\left(\sum y\right)^2$	73218.95		

$$r = \frac{n\left(\sum xy\right) - \left(\sum x\right)\left(\sum y\right)}{\sqrt{\left[n\sum x^2 - \left(\sum x\right)^2\right] \times \left[n\sum y^2 - \left(\sum y\right)^2\right]}} = -0.13 \tag{7-9}$$

根据相关度划分(表 7-1),第二产业的用水结构与增加值结构呈极弱相关或无相关。这说明在当前情况下,水资源的产业分配份额较难影响第二产业的增加值结构。其增加值占比下降趋势受发展时期、市场环境、政府调控等其他因素影响较大。

2. 水资源约束下第二产业发展分析

岷江上游流域第二产业占比详见表 7-20。

表 7-20　岷江上游流域及四川省第二产业增加值占比

项目	2014 年	2015 年	2016 年	2017 年
岷江上游流域第二产业增加值占比/%	70.57	68.03	65.99	66.00
四川省第二产业增加值占比/%	45.00	44.10	40.80	38.70

数据来源:四川省统计局官网。

从岷江上游流域第二产业结构发展形势来看,其发展趋势符合现今宏观政策和市场环境的要求,但与发达地区相比,其经济结构差距还较大,因此需加强产业结构的优化调整。基于水资源使用总量控制方面考量,要在保证第二产业良好发展的情况下将第二产业用水向第三产业调整。由于该流域第二产业产值占比大,其总体经济还需第二产业拉动,故第二产业还需保持发展势头,因此实施第二、第三产业联动,按照产业发展要求逐步进行水资源的产业间优化配置。

3. 第二产业水资源使用效益分析

通过表 7-18 和表 7-20,可求得 2014~2017 年第二产业的用水效益,见表 7-21。

表 7-21　2014～2017 年岷江上游流域第二产业用水效益

项目	2014 年	2015 年	2016 年	2017 年
第二产业增加值/万元	388085	378730	373810	379608
第二产业耗水量/万 m³	260	295	309	357
用水效益/(元/m³)	1492.64	1283.83	1209.74	1063.33

通过阿坝州年鉴及水资源公报查得，2017 年岷江上游流域所在的阿坝藏族羌族自治州第二产业增加值为 141.34 亿元，耗水量为 918 万 m³，则其用水效益为 1539 元/m³。因此，建议加快第三产业占比的提升，逐步将第二产业用水向水资源使用效益更高的第三产业调配，以达到水资源的有效节约利用。

7.4.2　水资源约束下第二产业中行业发展的选择

为全面贯彻落实最严格的水资源管理制度，确立水资源管理"三条红线"，水资源约束下第二产业发展行业的选择应主要以加强水资源节约、保护和管理，不断提高水资源利用效率为原则，采用水资源的投入与产出比例，即水资源的使用效益来进行分析。考虑到行业的发展不能违背市场条件及时代背景，因此除水资源使用效益外，这里我们还需要对行业的经济效益和产业带动能力一并进行考虑，以综合效益衡量第二产业中行业发展的选择。

在进行数据统计时，对岷江上游流域地区 2014～2017 年的统计年鉴中的有用数据进行筛选，根据需要选择主要行业进行分析，并将主要产品的统计与所属行业进行匹配，进一步选择各年第二产业主要产品的产值、产量和销量，同时还选取就业人员的数据。为保证统计口径一致，便于进行横向比较，本书假设各行业产品以定额标准的耗水量进行生产。通过《四川省用水定额》查得，主要产品的用水定额分别为铁合金 10m³/t、中成药 10m³/t、电解铝 3.5m³/t、铝合金 10m³/t、硅酸盐水泥熟料 0.6m³/t、水泥 1.5m³/t、金属切削机床 60m³/台、果酒及配制酒 15m³/kL、果汁和蔬菜汁类饮料 3m³/t、农用薄膜 25m³/t、硅 2.5m³/t、铁矿石原矿 10.8m³/t、石灰石 0.1m³/t、水力发电 27.5m³/万 kW、电子元件 15m³/万元。

评价第二产业中各行业的水资源利用综合效益，以水资源的使用效益为基础，以市场效益和行业规模（产业带动能力）为系数，计算公式如下：

$$Q_i = \frac{M_i}{W_i} \times k_i \times g_i \tag{7-10}$$

式中，Q_i 为第 i 行业的水资源利用综合效益；M_i 为第 i 行业的年均增加值；W_i 为第 i 行业的年均用水量；k_i 为市场效益系数（年均销售与年均产量比值）；g_i 为产业规模系数（第 i 个行业的产业规模占比）。

2014～2017 年第二产业用水效益见表 7-22，市场效益系数见表 7-23，产业规模系数见表 7-24，用水综合效益指数见表 7-25。

表 7-22   用水效益   （单元：元/m³）

产业	2017 年	2016 年	2015 年	2014 年	年均
黑色金属冶炼和压延加工业	884.01	634.54	729.75	646.05	723.59
医药制造业	2305.09	2363.65	2212.36	1820.05	2175.29
有色金属冶炼和压延加工业	2037.55	3207.88	2735.27	2808.50	2697.30
化学原料和化学制品制造业	1246.56	/	/	/	1246.56
非金属矿物制品业	107.45	271.10	203.84	231.78	203.54
通用设备制造业	1646.49	1600.44	/	/	1623.47
酒、饮料制造业	13791.01	10178.63	11157.63	18376.49	13375.94
塑料制品业	383.71	444.45	444.42	443.87	429.11
非金属矿采选业(黏土及其他土砂石开采)	3488.79	2320.32	3743.63	/	3184.25
黑色金属矿采选业	90.72	87.84	88.68	110.19	94.36
非金属矿采选业(石灰石、石膏开采)	3719.71	3412.86	3501.64	4411.65	3761.47
计算机、通信和其他电子设备制造业	666.67	666.67	666.67	666.67	666.67

表 7-23   市场效益系数

产业	2017 年	2016 年	2015 年	2014 年	年均
黑色金属冶炼和压延加工业	0.85	0.94	1.03	0.97	0.95
医药制造业	0.74	0.77	0.75	0.81	0.77
有色金属冶炼和压延加工业	0.90	0.57	0.59	0.70	0.69
化学原料和化学制品制造业	0.88	/	/	/	0.88
非金属矿物制品业	1.01	1.00	1.00	0.99	1.00
通用设备制造业	0.86	1.02	1.03	/	0.97
酒、饮料制造业	0.94	0.87	0.83	0.74	0.85
塑料制品业	0.99	1.00	1.00	1.00	1.00
非金属矿采选业(黏土及其他土砂石开采)	0.92	0.99	0.99	/	0.97
黑色金属矿采选业	1.01	1.00	0.97	0.79	0.94
非金属矿采选业(石灰石、石膏开采)	0.99	0.99	0.98	0.97	0.98
计算机、通信和其他电子设备制造业	0.48	1.07	1.02	0.96	0.88

表 7-24   产业规模系数

产业	2017 年	2016 年	2015 年	2014 年	年均
黑色金属冶炼和压延加工业	0.22	0.30	0.22	0.17	0.23
医药制造业	0.03	0.09	0.10	0.09	0.08
有色金属冶炼和压延加工业	0.76	1.08	0.91	0.98	0.93
化学原料和化学制品制造业	0.06	/	/	/	0.06
非金属矿物制品业	0.04	0.09	0.08	0.08	0.07
通用设备制造业	0.01	0.01	0.01	/	0.01
酒、饮料制造业	0.18	0.04	0.04	0.04	0.08
塑料制品业	0.01	0.01	0.01	0.02	0.01
非金属矿采选业(黏土及其他土砂石开采)	0.06	0.08	0.10	/	0.08
黑色金属矿采选业	0.13	0.13	0.13	0.10	0.12
非金属矿采选业(石灰石、石膏开采)	0.02	0.02	0.02	0.02	0.02
计算机、通信和其他电子设备制造业	0.03	0.08	0.13	0.14	0.10

表 7-25 用水综合效益指数

产业	用水效益/(元/m³)	市场效益系数	产业规模系数	用水综合效益指数
黑色金属冶炼和压延加工业	723.59	0.95	0.23	158.10
医药制造业	2175.29	0.77	0.08	134.00
有色金属冶炼和压延加工业	2697.30	0.69	0.93	1730.86
化学原料和化学制品制造业	1246.56	0.88	0.06	65.82
非金属矿物制品业	203.54	1.00	0.07	14.25
通用设备制造业	1623.47	0.97	0.01	15.75
酒、饮料制造业	13375.94	0.85	0.08	898.86
塑料制品业	429.11	1.00	0.01	4.29
非金属矿采选业(黏土及其他土砂石开采)	3184.25	0.97	0.08	247.10
黑色金属矿采选业	94.36	0.94	0.12	10.64
非金属矿采选业(石灰石、石膏开采)	3761.47	0.98	0.02	73.72
计算机、通信和其他电子设备制造业	666.67	0.88	0.10	58.67

根据计算结果可知,当前岷江上游流域地区水资源使用综合效益较高的行业为有色金属冶炼和压延加工业、酒、饮料制造业和非金属矿采选业(黏土及其他土砂石开采)。以上对第二产业各行业的用水综合效益评价中未对水力发电行业进行评价,因为水力发电行业对水资源的使用效果与其他工业行业不同,其既不耗水也不污染水,仅仅使用了水的势能。从水资源角度应提倡发展水力发电行业,由前文对生态需水的分析可知,其规模应以保证生态基流为阈值。

7.4.3 水资源对水利水电行业的发展影响

水利水电行业在水资源使用过程中主要影响河道的生态需水量,因此水资源对水利水电行业产生的影响主要是确保河道生态需水。对此,本书对河道生态需水的量化标准进行计算。

1. 生态需水量分类标准

河道基流是指为维持河流基本形态和基本生态功能,即防止河道断流,避免河流生物群落遭受破坏而无法恢复的河道内最小流量。

河道内生态需水的计算采用 Tennant 法,该法以河道基流作为河道内生态需水量,并以河道基流占年平均流量的比重来描述河流的生态环境状况,共划分为七类指标,Tennant 法划分的河道生态基流占年平均流量的比重见表 7-26。

表 7-26 Tennant 法划分的河道生态基流占年平均流量比重(%)

河道生态状况	最佳	很好	好	良好	一般	很差	极差
枯水期流量	60~100	40	30	20	10	10	0~10
丰水期流量	60~100	60	50	40	30	10	0~10

2. 生态需水指标

《全国水资源综合规划技术细则》建议，利用 Tennant 法估算河道生态需水量的方法在枯季取多年平均流量的 10%～20%。

水利部水利水电规划设计总院编制的《水资源可利用量估算方法(试行)》指出，河道基流量维系河流最基本生态功能不受破坏，必须是河道中常年流动的最小水量阈值，以多年平均径流量比重作为河流最小生态环境需水量的标准，北方地区一般取 10%～20%，南方地区一般取 20%～30%。

3. 生态需水量计算

$$Q_r = \left(\frac{1}{n}\sum_{i=1}^{n} Q_i\right) \times k \tag{7-11}$$

式中，Q_r 为河流生态需水量；Q_i 为第 i 年的地表水资源量；n 为统计年数，本书采用 1975～2015 年共 41 年地表径流量，n =41；k 为系数，汛期(5～9 月)k=40%，非汛期(10 月～次年 4 月)k =20%，相当于 Tennant 法中"良好"的标准。

综上所述，岷江上游流域河道内生态需水量汛期按不低于 40%控制，非汛期按不低于 20%控制，即水利水电行业对河道内水资源的使用量需满足河道径流量汛期不低于 40%、非汛期不低于 20%的要求。

7.5　水资源对第三产业结构影响及发展选择

7.5.1　水资源与第三产业结构相关性分析

根据表 7-3 和表 7-4，用式(7-6)对产业结构与用水结构的相关度进行计算，计算过程详见表 7-27 和表 7-28。

表 7-27　2014～2017 年岷江上游流域第三产业用水量与增加值占比(%)

	2014 年	2015 年	2016 年	2017 年
第三产业增加值占比	24.30	26.12	27.7	27.52
用水量占比	6.57	6.29	6.35	7.27

表 7-28　计算过程

年份	x	x^2	y	y^2	xy
2014	6.57	43.16	24.30	590.49	159.65
2015	6.29	39.56	26.12	682.25	164.29
2016	6.35	40.32	27.70	767.29	175.90
2017	7.27	52.85	27.52	757.35	200.07
总计	26.48	175.89	105.64	2797.38	699.91
$\left(\sum x\right)^2$	701.19	$\left(\sum y\right)^2$	11159.81		

$$r = \frac{n\left(\sum xy\right) - \left(\sum x\right)\left(\sum y\right)}{\sqrt{\left[n\sum x^2 - \left(\sum x\right)^2\right] \times \left[n\sum y^2 - \left(\sum y\right)^2\right]}} = 0.41 \tag{7-12}$$

按照相关度划分标准(表 7-1),第三产业产业结构与用水结构为中等程度相关,这说明在生产用水的配置方面,用水结构向第三产业倾斜将会引起第三产业增加值一定程度的增长。

7.5.2　基于水资源影响下的第三产业发展定位

岷江上游流域地区"十四五"规划对经济结构发展的定位为旅游业带动作用明显增强,新型绿色工业竞争力有效提升,生态农业产业化水平明显提高,服务业实现全面发展,特色生态产业体系基本形成,三次产业结构调整为 5.7∶63.3∶31,生态型产业比重明显提高。由表 7-2 的产业结构对比发展情况来看,产业发展应该降低第一产业和第二产业比重,提升第三产业占比。基于前面对三个产业的产值结构与用水结构的分析,降低第一产业和第二产业并不会对其产业发展有明显负面影响,而提升第三产业用水占比则会对其产生较为积极的产值占比提升效果。基于水资源角度,具体对三次产业发展分析如下。

由表 7-2 和表 7-4,可求得第三产业的用水效益,如表 7-29 所示。

表 7-29　2014～2017 年岷江上游流域第三产业用水效益

项目	2014 年	2015 年	2016 年	2017 年
第三产业增加值/万元	133654	145415	156939	158425
第三产业用水量/万 m³	138	137	146	155
用水效益/(元/m³)	968.51	1061.42	1074.92	1022.10

将三次产业用水效益进行逐年对比,详见表 7-30。

表 7-30　2014～2017 年岷江上游流域三个产业用水效益对比　　　　　(单位:元/m³)

项目	2014 年	2015 年	2016 年	2017 年
第一产业用水效益	21.56	23.72	24.14	36.09
第二产业用水效益	1492.64	1283.83	1209.74	1063.33
第三产业用水效益	968.51	1061.42	1074.92	1022.10

岷江上游流域第一产业用水效益相对较低,并且产值占比相对偏低,基于水资源角度不应作为岷江上游流域的主导产业。通过对比分析,从水资源使用效益角度来看,第三产业已经具备了逐渐转化为主导产业的条件,而且第三产业的用水效果远远好于第二产业,第三产业的发展对用水效益及水环境提升都有积极的作用。综上,岷江上游流域第一产业占比应主要满足地区的基本生活需求,产值占比稳定在 10%~15%;第二产业应以节水降耗为主,产值占比降为 50%左右;而第三产业应结合第一产业和第二产业的优势,主要突出旅游业,其产值占比应从 2017 年的 30%左右尽快提升到 50%。

第8章 岷江上游流域社会经济需水分析

8.1 社会经济需水相关理论研究

需水预测开始于大约100年前的美国,近三四十年来在一些国家的城市和地区发生的缺水现象进一步促进了需水预测研究的发展。我国近年来也有很多专家学者使用不同方法预测区域的社会经济需水量,大多数学者将社会经济需水分为工业需水、农业需水、生活需水三个方面。

陈红莉等(2002)以人口、社会经济和生态环境为基础,对我国西北地区水资源利用方向和需水量进行了预测,将社会经济需水量分为生活需水量、工业需水量、农业灌溉需水量几个方面分别计算。

胡彩虹等(2008)通过建立主成分分析模型,以郑州市为研究对象对该模型进行可行性验证,预测郑州市社会经济需水,并将社会经济需水分为农业需水、工业需水和生活需水三种,其结果证明,主成分分析方法具有一定可行性,需水量增长和社会经济发展密切相关。

秦长海等(2008)利用定额法、趋势预测法等不同的研究方法对宁夏社会经济及生态需水量进行预测,确定宁夏未来不同水平年、不同降水频率下的需水总量。其课题组将社会经济需水分为生活需水、第二产业需水、第三产业需水几类,分别计算其需水量,结果表明,农业需水量下降较大,导致宁夏需水总量呈下降趋势。

林润仙(2009)以大同市南郊区为研究对象,在对大同市南郊区社会经济发展需水进行预测时,将社会经济发展需水分为城镇生活需水、工业需水、生态环境需水、农业需水几个方面,分别采用定额法进行计算,以预测大同市南郊区在规划年的水资源利用总量。

李清杰等(2011)在分析黄河流域经济社会发展特点基础上,预测了黄河流域社会经济发展趋势及规模,以现状用水、一般节水、强化节水和超常节水四种节水模式分别预测各行业的需水量,通过比选选择强化节水模式下的需水预测结果为水资源规划的推荐方案。并从用水效率、用水定额、用水结构、用水增长率等方面分析了其合理性。

王丽霞等(2011)在进行延河流域社会经济需水预测时,首先运用主成分分析法将影响流域社会经济需水的指标选取出来,以1980~2000年的统计数据为基础,在MATLAB软件平台下,采用具有自学习、自适应特点的反向传播(back propagation,BP)神经网络模型,预测了流域2020年及2030年的社会经济需水量。

宋长权(2016)以鞍山市为研究对象,以区域2000年水资源利用数据预测2020年鞍山市的工业、农业、生活和生态需水量,他认为,鞍山市GDP增长导致的用水量增长将使区域水资源分布和社会经济矛盾进一步升级,因此,必须调整用水结构。

侯志俊等(2017)在预测中卫市的城市需水时,在结合用水现状、未来社会经济发展目标基础上，设置常规发展和高速发展两种情景，分别预测生活及第三产业、第二产业、农业及生态几个方面需水量，并预测中卫市在两种情景下的总需水量。

何伟和宋国君(2018)从公共服务部门标杆管理思想出发，构建了2007～2014年中国地级以上城市水资源利用效率标杆体系，并在此基础上对城市水资源利用效率标杆体系进行历史趋势外推，将标杆体系预测结果作为河北省各城市节水效率管理目标，估算了2020年河北省地级以上城市需水量。

蒋白懿等(2018)根据居民生活用水的特点,以灰色遗传神经网络组合模型,将2007～2013年生活年需水量作为原始数据并选择合适指标对2014年需水量进行预测,结果表明,组合模型精度相比灰色神经网络模型提高0.84个百分点,比GM(1,1)模型提高了3.08个百分点。

杨阳和胡爱萍(2018)以庆阳市城市水资源现状为研究对象，发现庆阳市各县/区在现有供水水源地开发利用的基础上结合城市供水规划，以保证水资源可持续开发利用为前提，进行城市供水现状水源地及拟建供水水源地保护区划，并配套建设水利工程设施，实现市域范围内水资源的时空调配，解决水资源分布不均的矛盾。

戚琳琳等(2018)针对东北部分地区水资源不足的问题，以长吉经济圈为例，采用灰色关联分析与多元线性回归模型相结合的方法，对2020年及2030年两个规划水平年进行需水量预测，分别提出供水效益最大化、经济效益最大化以及用水总量和用水效率双指标约束控制的三种不同水资源配置方案，并预测相应的需水量。

吴珊等(2019)首先采用贝叶斯最小二乘支持向量机法(Bayesian-least square support vector machine，Bayesian-LSSVM)建立管网用户需水量时间序列预测模型，得到需水量预测初始值，适用于平均需水量较小、水量波动性较大等用户的短期需水量预测，可有效满足实际工程的需要。

刘昌明等(2020)探讨了生态系统动态变化与水流驱动力因素之间的关系，估算河道内生态需水，归纳生态水力半径法在生态需水计算中的初步应用，主要为考虑污染物降解耦合水量水质的生态需水计算、考虑鱼类等生物对流速要求的生态需水计算、考虑河道冲淤平衡的输沙需水量计算三方面。

寇宝峰和丁林(2020)认为，甘肃省黑河流域、石羊河流域的地表水开发已超过限值，在研究分析该区域社会经济发展及水资源利用现状的基础上，通过对已有规划及相应资料进行分析，提出不同水平年的经济社会发展指标及参数，并计算分析不同水平年社会经济发展对水资源的需求。

李树平等(2021)基于综合权重因子的城市时需水量预测方法，根据预测日前几日和前几周的用水量数据，计算平均时用水量，引入综合权重因子，构建预测日前1日时用水量模型，结合日需水量预测数据，将获得的最优连续日数、最优连续周数和综合权重因子用于预测时需水量。

吕良华等(2021)结合《河北雄安新区规划纲要》，通过借鉴国内新区及国内外发达城市近年用水效率值、社会经济发展指标，预测不同发展情景下新区近期和远期的各类用水指标，以及相关社会经济发展指标，利用定额法预测新区近期和远期的生活需水量、工业需水量和农业需水量，利用Tennant法和定额法预测新区近期和远期的河道内外生态环境需水量。

8.2　社会经济需水分类

社会经济需水可归纳为生活用水、工业用水、农业用水三大类。随着经济发展、人口增长和城市化率的提高，人类需水总量急剧增长。科学的需水预测是水资源规划和供水工程建设的重要依据。以往我国水资源规划对需水量的预测普遍偏高，对水资源规划和供水工程在不同程度上造成误导。过去国内外进行需水预测时，一般采用定额法，即以产值和用水定额这两项参数预测中长期的社会需水量，但预测结果往往不是很理想。例如，中华人民共和国水利部预测 2000 年全国总需水量为 7000 亿 m^3，但 2000 年全国实际用水量仅为 5498 亿 m^3。日本国土规划预测 2000 年日本总需水量为 1255 亿 m^3，而实际用水量只有 908 亿 m^3。由此可见，目前的需水预测方法有待改进(傅长锋，2012)。

需水量预测的方法有很多种，主要有时间序列法、结构分析法和系统方法，时间序列法包括确定型和随机型两种，确定型有移动平均法、指数平滑法、趋势外推法、季节变动法；随机型主要有马尔可夫决策法、博克斯-詹金斯方法。结构分析法主要有回归分析法、工业用水弹性系数预测法、指标分析法、定额分析法等。系统方法主要有灰色预测方法、人工神经网络方法、系统动力学方法等(王文国，2015)。

需水按用水特征可分为河道内需水和河道外需水两类，按行业特点又可分为生活需水、生产需水、生态需水三部分。按用水户分类可以分为四级，一级用水户可分为河道外需水和河道内需水，二级用水户是在一级用水户分类的基础上来划分的。河道外需水又可分为河道外生活需水、河道外生产需水和河道外生态需水；河道内需水又可分为河道内生产需水和河道内生态需水。三级用水户可分为城镇居民生活需水、农村居民生活需水、农业需水、工业需水、第三产业需水、水力发电需水、水产养殖需水等。四级用水户可分为水田需水、菜田需水、高用水工业需水、火核电工业河口生态环境需水等。

本书对社会经济需水的研究主要从生活需水、工业需水、农业需水三个方面进行。

8.3　社会经济需水分析

8.3.1　生活需水

用于饮用(含牲畜等)、卫生和市政作用的需水定义为生活需水。城镇生活用水包括城镇居民生活用水和公共用水。影响居民生活用水的因素主要包括气候、城市化水平、用水观念、家庭收入等多方面因素(邓绍云和邱清华，2011)。

在水资源规划中，满足生活需水是首要目标，在世界不同地区之间，人类生活需水表现出较大差别。世界上生活需水最大的地区是北美洲，约为 240m^3/(人·a)，最小的是非洲，约为 18m^3/(人·a)，欧洲处于中等水平，约为 92m^3/(人·a)。Gleick(1994)建议人类生活需水量为 50L/(人·d)或 18m^3/(人·a)，包括饮用、卫生设施和食品的处理用水。傅长锋在计算生活需水量时，除饮用和卫生设施用水外，还包括清洗用水，认为相应生活需水量为 36m³/(人·a)(傅长锋，2012)。

1. 生活用水指标

根据用水情况分析，2016 年岷江上游流域地区核心区 5 县年城镇居民生活用水净指标为 100～118L/(人·d)，随着居民生活水平的提高，城镇居民生活用水指标将逐步合理提高。参考《四川省用水定额》，并结合当地居民用水习惯，2020 年岷江上游流域地区核心区 5 县城镇居民生活用水净定额为 120L/(人·d)，2030 年岷江上游流域地区核心区 5 县城镇居民生活用水净定额达到 130L/(人·d)。

公共用水包括建筑业用水和第三产业用水。岷江上游流域地区核心区 5 县年建筑业和第三产业用水净指标分别为 10～12m³/万元和 12～40m³/万元，随着节水观念的深入和节水技术的进步，2020 年岷江上游流域地区核心区 5 县建筑业和第三产业用水净指标分别为 8.5～10.2m³/万元和 10.2～30m³/万元；2030 年岷江上游流域地区核心区 5 县建筑业和第三产业用水净指标分别拟定为 6.8～8.2m³/万元和 8.2～24m³/万元。

岷江上游流域地区核心区 5 县农村居民生活用水净指标现为 92L/(人·d)，考虑农村生活水平的提高和农村自来水的普及，参考《四川省用水定额》，岷江上游流域地区核心区 5 县 2020 年、2030 年农村居民生活用水净定额达到 100L/(人·d)。

2016 年岷江上游流域生活用水净定额见表 8-1，岷江上游流域规划水平年生活用水净定额见表 8-2。

表 8-1　2016 年岷江上游流域生活用水净定额表

| 地区 | 生活用水净定额 | | | | 供水管网漏损率/% |
	城镇居民用水定额/[L/(人·d)]	农村居民用水定额/[L/(人·d)]	建筑业用水定额/(m³/万元)	第三产业用水定额/(m³/万元)	
黑水县	105	95	10	14	9.8
理县	105	90	10	14	10.3
茂县	100	85	10	12	15.2
松潘县	105	90	12	40	10.8
汶川县	118	100	10	12	10.4

表 8-2　岷江上游流域规划水平年生活用水净定额表

| 地区 | 2020 年 | | | | | 2030 年 | | | | |
	城镇居民用水净定额/[L/(人·d)]	农村居民用水净定额/[L/(人·d)]	建筑业用水净定额/(m³/万元)	第三产业用水净定额/(m³/万元)	供水管网漏损率/%	城镇居民用水净定额/[L/(人·d)]	农村居民用水净定额/[L/(人·d)]	建筑业用水净定额/(m³/万元)	第三产业用水净定额/(m³/万元)	供水管网漏损率/%
黑水县	120	100	8.5	11.9	9.00	130	100	6.8	9.5	8.00
理县	120	100	8.5	11.9	10.00	130	100	6.8	9.5	8.00
茂县	120	100	8.5	10.2	12.00	130	100	6.8	8.2	8.00
松潘县	120	100	10.2	30	10.00	130	100	8.2	24	8.00
汶川县	120	100	8.5	10.2	10.00	130	100	6.8	8.2	8.00

2. 生活需水的预测方法

生活需水的预测方法有定额分析法、趋势分析法和分类分析权重法等。对城镇居民和农村居民的生活需水量分别进行预测,取其和为总的生活需水量。根据城镇居民、农村居民生活需水的变化趋势,采用一元线性回归分析法预测未来人均生活需水量。

某水平年的人口 P 一般根据人口年增长率来确定,基本公式为

$$P = P_0 \times (1+v)^n \tag{8-1}$$

式中, P_0 为某一基准年的人口(可分成农村、城镇两部分); v 为人口年增长率(可分成农村、城镇两部分); n 为预测年数。

某水平年的生活需水总量 W_{life} 等于城镇居民生活需水量 W_{city} 与农村居民生活需水量 W_{rural} 之和,即

$$W_{life} = W_{city} + W_{rural} \tag{8-2}$$

其中,

$$W_{city} = P_{city} \times K_{city} \tag{8-3}$$
$$W_{rural} = P_{rural} \times K_{rural} \tag{8-4}$$

式中, P_{city}、P_{rural} 分别为某一水平年城镇、农村的人口数量; K_{city}、K_{rural} 分别为某一水平年的城镇、农村生活需水综合定额。

经分析,岷江上游 2020 年生活净需水量为 2776 万 m^3,考虑供水管网漏损率后,2020年生活毛需水量为 3099 万 m^3,详见表 8-3。

岷江上游 2030 年生活净需水量为 3678 万 m^3,考虑供水管网漏损率后,2030 年生活毛需水量为 3996 万 m^3,详见表 8-4。

表 8-3　岷江上游 2020 年生活需水量　　　　　　　　　(单位:万 m^3)

地区	生活净需水量					生活毛需水量				
	小计	城镇居民	农村居民	建筑业	第三产业	小计	城镇居民	农村居民	建筑业	第三产业
黑水县	339	107	134	17	81	373	118	148	18	89
理县	361	93	106	23	139	402	103	118	26	155
茂县	616	236	213	22	145	702	269	243	25	165
松潘县	777	147	155	34	441	864	163	173	38	490
汶川县	683	223	185	31	244	758	247	206	34	271
合计	2776	806	793	127	1050	3099	900	888	141	1170

表 8-4　岷江上游 2030 年生活需水量(预测)　　　　　　(单位:万 m^3)

地区	生活净需水量					生活毛需水量				
	小计	城镇居民	农村居民	建筑业	第三产业	小计	城镇居民	农村居民	建筑业	第三产业
黑水县	474	148	114	18	194	516	161	124	20	211
理县	497	126	89	30	252	540	137	97	32	274
茂县	743	317	176	30	220	807	344	192	32	239

续表

地区	生活净需水量					生活毛需水量				
	小计	城镇居民	农村居民	建筑业	第三产业	小计	城镇居民	农村居民	建筑业	第三产业
松潘县	1080	202	127	52	699	1173	220	138	56	759
汶川县	884	296	152	42	394	960	321	165	46	428
合计	3678	1089	658	172	1759	3996	1183	716	186	1911

8.3.2 工业需水

1. 工业用水指标

据用水现状，2016 年岷江上游流域地区核心区 5 县工业用水净定额为 8～78m³/万元。岷江上游流域地区核心区 5 县将紧紧围绕节水型社会建设目标，优化工业结构和用水工艺，建设生态工业，考虑节水技术的进步后，2020 年岷江上游流域地区核心区 5 县工业用水净定额为 7～64m³/万元，相较于 2016 年下降 12.5%～17.9%；2030 年岷江上游流域地区核心区 5 县工业用水净定额为 5～52m³/万元，相较于 2020 年下降 18.8%～28.6%。

岷江上游流域不同水平年工业用水净定额见表 8-5。

表 8-5　岷江上游流域不同水平年工业用水净定额表

地区	2016 年工业用水净定额/(m³/万元)	2020 年工业用水净定额/(m³/万元)	2020 年相较于2016 年下降比重/%	2030 年工业用水净定额/(m³/万元)	2030 年相较于2020 年下降比重/%
黑水县	18	15	16.7	12	20.0
理县	21	18	14.3	14	22.2
茂县	15	13	13.3	10	23.1
松潘县	78	64	17.9	52	18.8
汶川县	8	7	12.5	5	28.6

2. 工业需水预测

影响工业需水量的因素较多，主要有工业发展布局、产业结构、生产工艺水平、生产规模、管理水平、生产品种等(邓绍云和邱清华，2011)。预测工业用水的方法很多，包括定额法、趋势法、重复利用率提高法、分行业预测法和系统动力学法等。工业需水总量预测采用工业万元产值需水量进行计算。工业内部各行业结构、万元产值耗水定额与工业规模、工业结构和生产工艺流程等因素有关。

工业需水量计算的基本公式为

$$\begin{cases} W = X \times Q_2 \\ Q_2 = Q_1(1-\alpha)^N(1-\eta_2)(1-\eta_1) \end{cases} \tag{8-5}$$

式中，W 为某水平年工业需水量，m³；X 为某水平年工业产值，万元；η_1、η_2 分别为预测始、末年水资源的重复利率；Q_1、Q_2 分别为预测始、末年万元产值需水量，m³/万元；N 为预测年数；α 为工业进步系数，一般为 0.02～0.05。

经分析，岷江上游流域地区核心区 5 县 2020 年工业净需水量为 1357 万 m³，毛需水量为 1511 万 m³，水资源利用系数为 0.90。

预测岷江上游流域地区核心区 5 县 2030 年工业净需水量为 1815 万 m³，毛需水量为 1975 万 m³，水资源利用系数为 0.92。岷江上游流域工业需水量预测见表 8-6。

表 8-6　岷江上游流域工业需水量　　　　　　　　　　　（单位：万 m³）

地区	净需水量		毛需水量	
	2020 年	2030 年	2020 年	2030 年
黑水县	254	280	280	305
理县	275	353	305	384
茂县	221	303	251	330
松潘县	297	458	330	498
汶川县	310	421	345	458
合计	1357	1815	1511	1975

8.3.3　农业需水预测

农业用水量占水资源用水总量的绝大部分，农业需水量的分析计算具有重要意义。农业灌溉用水量作为农业水资源利用量的主要部分，其与作物种植面积、种类结构、种植模式、灌溉方式、灌溉面积、节水技术等密切相关(陈红莉等，2002)。本书中农业需水量主要从农业灌溉和牲畜用水两方面进行计算。

1. 农业灌溉用水

1) 灌溉耕地需水量

计算灌溉耕地需水量，需结合水文单元划分灌溉单元，将全灌区作为一个整体，按区域划分成几个子单元，对每个单元都有

$$W_i = (W_{in} - W_{out} - \Delta W) / A_i \tag{8-6}$$

式中，W_i 为计算单元内单位面积需水量，m³/m²；W_{in} 为流入单元内的水量，包括降水量、灌溉引水量、地面和地下径流流入量等，m³；W_{out} 为流出单元的水量，包括地面和地下径流的流出量及单元内的其他净耗水量，m³；ΔW 为单元内地表水、地下水和土壤水的蓄变量，储量增加取正值，减少取负值，m³；A_i 为灌溉单元的总面积，m²。

在确定灌溉耕地需水量时，根据计算单元的实际水文地质条件，选择计算时段，确定土壤水分的蓄变量、地面和地下径流的流进流出量，以及单元内的其他净耗水量等参数进行计算，则灌区灌溉耕地需水量为

$$W_{区} = \sum A_i W_i / \sum A_i \tag{8-7}$$

2) 林草地需水量

林草地需水量计算采用野外观测和理论计算相结合的方法，借鉴海河流域不同类型的植被类型进行单元划分，将植被高度、郁闭度和覆盖水平作为划分指标，将林地(指乔木、灌木、竹类等)和草地(指以草本植物为主，覆盖度在 5%以上的各类草地，包括以牧为主

的灌丛草地和郁闭度在 10%以下的疏林草地)划分为有林地、灌木林地、疏林地、其他林地、高覆盖度草地、中覆盖度草地和低覆盖度草地七种类型,详见表 8-7。

表 8-7　林草地类型划分标准及耗水量估算表

林地和草地类型	分类标准	耗水量指标/mm
有林地	郁闭度大于 30%的天然林地和人工林地,包括用材林、经济林、防护林等成片林地	500
灌木林地	郁闭度大于 40%,高度在 2m 以下的矮林地和灌丛林地	330
疏林地	郁闭度在 10%~30%的林地	300
其他林地	未成林地、造林地、迹林地、苗圃及各类园地(果园、桑园等)	350
高覆盖度草地	覆盖度大于 50%的天然草地、改良草地和割草地,此类草地一般水分条件好,草被生长茂密	300
中覆盖度草地	覆盖度在 20%~50%的天然草地和改良草地,此类草地一般水分不足,草被较稀疏	210
低覆盖度草地	覆盖度在 5%~20%的天然草地,此类草地一般水分缺乏,草被稀疏,牧业利用条件差	150

确定了各种林地、草地的耗水量之后,乘以相应的面积,就可以得到林草地需水量,计算公式为

$$W_{SWC} = \sum A_i \times W_P \tag{8-8}$$

式中,W_{SWC} 为某一地的需水量;A_i 为某一植被类型的面积;W_P 为该种植被在自然条件下的生态耗水量。

3)灌溉定额

根据《2017 年阿坝州水资源公报》,岷江上游流域地区核心区 5 县 2016 年多年平均耕地灌溉净用水指标为 116~283m³/亩,多年平均园林地灌溉净用水指标为 44~89m³/亩,多年平均草地灌溉净用水指标为 46~110m³/亩,现状灌溉水利用系数为 0.44~0.60,同时根据《灌溉排水渠系设计规范》(SDJ217—84),假设在 100 年中有 75 年满足设计灌溉用水要求,灌溉保证率为 75%(即 P=75%),并计算相关用水额度,详见表 8-8。

表 8-8　岷江上游流域 2016 年灌溉净用水指标表　　　　　　(单位:m³/亩)

地区	耕地	园林地	草地	P=75%的耕地	P=75%的园林地	P=75%的草地
黑水县	144	62	51	173	74	61
理县	116	67	56	139	81	68
茂县	130	44	46	156	53	55
松潘县	283	89	110	339	107	132
汶川县	219	57	48	263	69	58

本书根据研究区域土壤、气候特点等条件,结合作物规划成果,参考区域代表工程灌区拟定岷江上游流域地区核心区 5 县灌溉定额,岷江上游流域地区核心区 5 县规划水平年灌溉定额计算成果见表 8-9。

表 8-9 岷江上游流域地区规划水平年灌溉定额表 （单位：m³/亩）

地区	2020 年灌溉净定额						2030 年灌溉净定额（预测）					
	耕地	园林地	草地	P=75%的耕地	P=75%的园林地	P=75%的草地	耕地	园林地	草地	P=75%的耕地	P=75%的园林地	P=75%的草地
黑水县	134	57	48	161	69	57	114	49	40	137	58	49
理县	108	62	52	129	75	63	86	50	42	104	60	50
茂县	121	41	42	145	49	51	103	37	38	123	44	46
松潘县	212	54	66	255	64	79	191	48	59	229	58	71
汶川县	197	52	43	236	62	52	177	46	39	213	56	47

4）灌溉水利用系数

根据《2017 年阿坝州水资源公报》，2016 年岷江上游流域地区核心区五县灌溉水利用系数为 0.44～0.45。根据《阿坝藏族羌族自治州水利发展规划》，岷江上游流域地区核心区 5 县 2020 年灌溉水利用系数提高到 0.45～0.47，2030 年灌溉水利用系数预测提高到 0.54～0.60，见表 8-10。

表 8-10 岷江上游流域不同水平年灌溉水利用系数

地区	2016 年	2020 年	2030 年（预测）
黑水县	0.45	0.47	0.58
理县	0.44	0.46	0.60
茂县	0.45	0.47	0.55
松潘县	0.44	0.46	0.54
汶川县	0.45	0.45	0.58

5）灌溉需水量

根据灌面预测分析成果，采用指标法预测岷江上游流域地区核心区 5 县不同水平年农业灌溉需水量。

经分析，岷江上游流域地区核心区 2020 年平均农业灌溉毛需水量为 6117 万 m³；2030 年平均农业灌溉毛需水量为 7525 万 m³，详见表 8-11 和表 8-12。

表 8-11 岷江上游流域地区 2020 年灌溉毛需水量 （单位：万 m³）

地区	农业灌溉毛需水量				P=75%农业灌溉毛需水量			
	合计	耕地	林地	草地	合计	P=75%的耕地	P=75%的园林地	P=75%的草地
黑水县	655	647	3	5	786	777	3	6
理县	1024	954	54	16	1228	1144	65	19
茂县	2079	1925	145	9	2495	2310	175	10
松潘县	941	899	10	32	1129	1079	12	38
汶川县	1418	1284	127	7	1701	1540	152	9
合计	6117	5709	339	69	7339	6850	407	82

表 8-12　岷江上游流域地区 2030 年灌溉毛需水量（预测）　　　　（单位：万 m³）

地区	农业灌溉毛需水量				P=75%农业灌溉毛需水量			
	合计	耕地	园林地	草地	合计	P=75%的耕地	P=75%的园林地	P=75%的草地
黑水县	981	785	15	181	1178	942	18	218
理县	1090	677	51	362	1308	812	61	435
茂县	2729	2396	132	201	3274	2875	159	240
松潘县	833	751	9	73	1000	901	11	88
汶川县	1892	1627	96	169	2270	1952	115	203
合计	7525	6236	303	986	9030	7482	364	1184

2. 牲畜用水

根据《2017 年阿坝州水资源公报》，岷江上游流域地区核心区 5 县 2016 年牛、猪和羊的用水净定额为 30～40L/(头·d)、15～25L/(头·d)和 8～9L/(头·d)，参考《四川省用水定额》，并结合区域实际情况，2020 年岷江上游流域的牛、猪、羊用水净定额分别达到 40L/(头·d)、25L/(头·d)和 9L/(头·d)，2030 年岷江上游流域的牛、猪、羊用水净定额分别达到 40L/(头·d)、30L/(头·d)和 10L/(头·d)，详见表 8-13。

表 8-13　岷江上游流域地区不同水平年牲畜用水净定额表　　　［单位：L/(头·d)］

地区	2020 年			2030 年（预测）		
	牛	猪	羊	牛	猪	羊
黑水县	40	25	9	40	30	10
理县	40	25	9	40	30	10
茂县	40	25	9	40	30	10
松潘县	40	25	9	40	30	10
汶川县	40	25	9	40	30	10

经分析，岷江上游流域 2020 年牲畜毛需水量为 756 万 m³，2030 年牲畜毛需水量为 831 万 m³，详见表 8-14。

表 8-14　岷江上游流域地区不同水平年牲畜毛需水量预测成果表　　　（单位：万 m³）

地区	2020 年				2030 年（预测）			
	牲畜用水	牛	猪	羊	牲畜用水	牛	猪	羊
黑水县	147	95	48	4	165	94	66	5
理县	47	38	7	2	48	38	8	2
茂县	154	78	57	19	171	74	77	20
松潘县	284	199	67	18	307	195	92	20
汶川县	124	59	45	20	140	58	61	21
合计	756	469	224	63	831	459	304	68

8.3.4 社会经济需水总量

1. 净需水量预测

岷江上游流域需水预测采用定额指标法,将社会经济发展指标与相应的用水定额相乘即得需水量。

经计算,岷江上游流域 2020 年社会经济净需水量为 7639 万 m³,其中生活需水量为 2776 万 m³,工业需水量为 1357 万 m³,农业需水量为 3506 万 m³,详见表 8-15。

表 8-15　岷江上游流域 2020 年社会经济净需水量　　　　　　　　（单位：万 m³）

地区	总需水量	生活需水量	工业需水量	农业需水量
黑水县	1035	339	254	442
理县	1149	361	275	513
茂县	1950	616	221	1113
松潘县	1763	777	297	689
汶川县	1742	683	310	749
合计	7639	2776	1357	3506

岷江上游流域 2030 年社会经济净需水量为 10527 万 m³,其中生活需水量为 3678 万 m³,工业需水量为 1815 万 m³,农业需水量为 5034 万 m³,详见表 8-16。

表 8-16　岷江上游 2030 年社会经济净需水量(预测)　　　　　　　　（单位：万 m³）

地区	总需水量	生活净需水量	工业需水量	农业需水量
黑水县	1475	474	280	721
理县	1548	497	353	698
茂县	2704	743	303	1658
松潘县	2269	1080	458	731
汶川县	2531	884	421	1226
合计	10527	3678	1815	5034

2. 水利用系数

岷江上游流域 2016 年各县灌溉水利用系数为 0.44~0.45,供水管网漏损率为 9.8%~15.2%;2020 年灌溉水利用系数提高到 0.45~0.47,供水管网漏损率降低到 9%~12%;2030 年灌溉水利用系数预测提高到 0.54~0.60,供水管网漏损率降低到 8%,见表 8-17。

表 8-17 岷江上游流域灌溉水利用系数及供水管网漏损率表

地区	2016 年		2020 年		2030 年（预测）	
	灌溉水利用系数	供水管网漏损率/%	灌溉水利用系数	供水管网漏损率/%	灌溉水利用系数	供水管网漏损率/%
黑水县	0.45	9.80	0.47	9.00	0.58	8.00
理县	0.44	10.30	0.46	10.00	0.60	8.00
茂县	0.45	15.20	0.47	12.00	0.55	8.00
松潘县	0.44	10.80	0.46	10.00	0.54	8.00
汶川县	0.45	10.40	0.45	10.00	0.58	8.00

3. 毛需水量预测

在净需水量的基础上计入水利用系数即得毛需水量。

经计算，岷江上游流域 2020 年平均毛需水量为 11484 万 m^3，其中生活需水量为 3099 万 m^3，工业需水量为 1511 万 m^3，农业需水量为 6874 万 m^3，详见表 8-18。

表 8-18 岷江上游流域 2020 年社会经济毛需水量   （单位：万 m^3）

地区	总需水量	生活毛需水量	工业需水量	农业需水量
黑水县	1456	373	280	803
理县	1778	402	305	1071
茂县	3186	702	251	2233
松潘县	2420	864	330	1226
汶川县	2644	758	345	1541
合计	11484	3099	1511	6874

岷江上游流域 2030 年平均毛需水量为 14325 万 m^3，其中生活需水量为 3996 万 m^3，工业需水量为 1975 万 m^3，农业需水量为 8354 万 m^3，详见表 8-19。

表 8-19 岷江上游流域 2030 年社会经济毛需水量（预测）   （单位：万 m^3）

地区	总需水量	生活毛需水量	工业需水量	农业需水量
黑水县	1967	516	305	1146
理县	2062	540	384	1138
茂县	4036	807	330	2899
松潘县	2810	1173	498	1139
汶川县	3450	960	458	2032
合计	14325	3996	1975	8354

8.4 社会经济供水量预测

根据岷江上游流域水资源、供水条件、需水量及供水系统运行情况，在满足河道生态环境需水的前提下，可利用的水源可在河道外利用，可供水量主要包括地表水、地下水等水源的可供水量。为加强节水措施条件下的需水量预测，对工程布局、供水能力、现有供水设施运行状况以及水资源开发利用程度和存在的问题进行综合调查分析。经过对现有工程的加固改造、配套更新、新水源工程的合理布局后，应配合实施非工程措施等手段，对不同水平年、不同保证率的水资源利用项目可提供的水量进行供水量计算和分析，也称为供水量预测。

根据供水水源的性质，供水能力可分为地表水供水能力、浅层地下水供水能力和其他水源的供水能力。地表水供水能力包括蓄水、引水、提水和跨流域调水工程的供水能力。其他水源的供水能力包括深层承压水、微咸水、雨水收集和回用的供水能力。

计算岷江上游流域核心区 5 县可供水量时，现有供水系统包括现有供水项目，通过继续建设配套设施，加强节水，充分发挥现有水源工程的供水潜力。根据年度不同需水保证率的要求，在当前水资源开发模式下，满足一定水质条件，采用水量平衡调节器稳定水资源供应。

根据水资源开发利用现状，以当地水资源开发利用潜力为控制条件，结合相关专业规划、流域和区域规划，以静态技术经济指标为参考和比较，对规划水平年的供水量进行预测，为水资源供需分析和合理配置选择提供依据。

8.4.1 地表水供水预测

地表水资源开发一方面要考虑现有水利工程更新改造、续建配套可能增加的供水能力及相应的技术经济指标；另一方面要考虑规划的水利工程，重点是新建水利工程的供水规模、范围和对象，以及工程的主要经济技术指标，综合分析提出不同工程方案的可供水量。

1. 蓄水工程

1）水源工程

根据水资源普查资料及《阿坝藏族羌族自治州 2016 年水利统计年报》，岷江上游流域地区核心区 5 县并无供水水库，主要蓄水工程为塘坝和窖池的小型农田蓄水工程，主要分布在茂县、松潘县及汶川县，共有塘坝 4 座，蓄水能力为 5 万 m^3，窖池 148 座，蓄水能力为 142 万 m^3（表 8-20）。

2）水源新增工程

（1）小型水库。根据岷江上游当地水源条件、地形地质条件、集中用水需求和缺水状况，开展重点水源工程建设，在岷江上游流域地区核心区 5 县新建松潘县山巴水库、汶川县大溪沟水库 2 座小型水库，总库容分别为 387 万 m^3 和 33 万 m^3。

表 8-20　2016 年岷江上游流域小型农田蓄水工程分布表

地区	塘坝		窖池	
	工程所在地数量/个	蓄水能力/万 m³	工程所在地数量/个	蓄水能力/万 m³
茂县			145	73
松潘县			3	69
汶川县	4	5		
合计	4	5	148	142

(2) 小型农田蓄水工程。考虑到各区域实际情况，结合《阿坝州水利发展"十三五"规划》，为加快推进岷江上游流域地区农田水利基础设施建设步伐，深入实施小型农田水利工程，按照因地施策、精准配置、山水相融、整村推进的思路，加快推进灌区节水配套改造建设，因地制宜兴建小型农田水利设施，支持山丘区小水窖、小水池、小塘坝、小泵站、小水渠"五小水利"工程建设，进一步夯实岷江上游流域山丘区农田水利基础，具体见表 8-21。

表 8-21　岷江上游流域 2020 年小型农田蓄水工程统计表

地区	灌面/亩		工程量		
	新增灌面	改善灌面	蓄水池/口	石河堰/座	田间渠道/km
黑水县	13867	0	203	85	378
理县	26080	18780	535	147	251
茂县	21832	2245	316	456	175
松潘县	0	0	0	0	0
汶川县	50030	50662	1005	260	478
合计	111809	71687	2059	948	1282

2. 引水工程

1) 现状水源工程

根据岷江上游流域水利发展历史及水资源、水文地质情况可知，该区域灌溉及供水主要水源来源于引水工程，引水工程也是社会经济发展的主要支撑水源。

在计算此部分可供水量时，按照供水对象的现状需水量及设计供水能力进行计算。目前大部分引水工程灌溉用水浪费较为严重，工程设计时并未考虑河道内生态用水需求，同时大部分引水工程资金不到位而年久失修，其供水功能逐渐减弱。未来规划通过采取强化节水、限额配水、跨流域调水等综合措施缓解供水不足问题，逐步减少因工业、生活、灌溉取水挤占河道内生态环境用水的情况，近期按照退减 5%，远期按照退减 10%的生态环境用水计算。

2) 建设水源工程

(1) 建设中型引水工程。根据《阿坝州水利发展"十三五"规划》可知，阿坝藏族羌族自治州规划在岷江上游流域地区核心区 5 县新建茂县凤南土水利工程、黑水县西尔芦色水利工程、理县米桃水利工程、松潘县坪江红燕水利工程、茂县赤沙较水利工程 5 处水利工程，详见表 8-22。

表 8-22　岷江上游流域规划引水工程项目表

项目名称	地区	工程任务	设计引水流量/(m³/s)	供水能力/亿 m³	设计灌溉面积/万亩	新建堤防/km	发挥效益年限
茂县凤南土水利工程	茂县	农业灌溉、乡村供水	0.11	0.11	3.88		2030 年
黑水县西尔芦色水利工程	黑水县	农业灌溉	0.098	0.07	3.04		2030 年
理县米桃水利工程	理县	农业灌溉、乡村供水	2.95	0.4	5.1	19.2	2020 年
松潘县坪江红燕水利工程	松潘县	农业灌溉、乡村供水	2.27	0.29	4	9.7	2020 年
茂县赤沙较水利工程	茂县	农业灌溉、乡村供水	3.86	0.51	7.23		2020 年

　　(2)建设小型引水工程。根据《阿坝州水利发展"十三五"规划》，结合岷江上游流域水资源分布情况，2020 年新建小型引水工程 605 处，新增引水干渠 151km；2030 年预测新建小型引水工程 245 处，新增引水干渠 60km，详见表 8-23。

表 8-23　岷江上游流域建设小型引水工程项目表

地区	2020 年新建小型引水工程		2030 年新建小型引水工程(预测)	
	数量/处	新增引水干渠/km	数量/处	新增引水干渠/km
黑水县	85	21	22	5
理县	40	10	17	4
茂县	92	23	9	2
松潘县	165	41	24	6
汶川县	223	56	173	43
合计	605	151	245	60

　　(3)建设集中及分散供水设施。岷江上游流域乡镇主要生活生产用水通过城镇水厂、农村集中供水工程供给，而乡村用水则通过农村分散供水工程供给。本书根据岷江上游流域地区核心区 5 县用水情况，结合《阿坝州州域城镇体系规划(2013～2030)》可知，2020 年城镇水厂及农村集中供水工程 390 处，新增供水规模 7.4 万 m³/d，新增农村分散供水工程 1843 处；2030 年预测城镇水厂及农村集中供水工程 356 处，新增供水规模 5.5 万 m³/d，新增农村分散供水工程 773 处，详见表 8-24。

表 8-24　岷江上游流域建设供水设施项目表

地区	2020 年新增			2030 年新增(预测)		
	城镇水厂及农村集中供水工程		农村分散供水工程	城镇水厂及农村集中供水工程		农村分散供水工程
	数量/处	供水规模/(万 m³/d)	数量/处	数量/处	供水规模/(万 m³/d)	数量/处
理县	28	0.6	130	26	0.8	56
茂县	64	1	303	13	1.3	28
松潘县	115	1.5	544	35	1	77
汶川县	155	3.7	736	256	1.6	556
黑水县	28	0.6	130	26	0.8	56
合计	390	7.4	1843	356	5.5	773

(4)新增可供水量。通过上述新增工程，在 2020 年新增引水工程供水量 3318 万 m³，其中中型灌区工程 1363 万 m³，城镇水厂及农村集中供水工程 391 万 m³，农村分散供水工程 488 万 m³，小型引水工程 1076 万 m³；到 2030 年预测可新增引水工程供水量 4695 万 m³，其中中型灌区工程 2673 万 m³，城镇水厂及农村集中供水工程 921 万 m³，农村分散供水工程 450 万 m³，小型引水工程 651 万 m³，见表 8-25。

表 8-25　岷江上游流域新增引水工程可供水量　　　　　　　　　　　　(单位：万 m³)

地区	2020 年新增供水					2030 年新增供水(预测)				
	合计	中型灌区工程	城镇水厂及农村集中供水工程	农村分散供水工程	小型引水工程	合计	中型灌区工程	城镇水厂及农村集中供水工程	农村分散供水工程	小型引水工程
黑水县	276	0	55	69	152	641	460	97	46	38
理县	541	413	26	32	70	709	476	125	27	81
茂县	883	586	59	74	164	992	958	12	7	15
松潘县	897	364	107	133	293	1373	779	334	128	132
汶川县	721	0	144	180	397	980	0	353	242	385
合计	3318	1363	391	488	1076	4695	2673	921	450	651

3)不同水平年引水工程可供水量

根据上述工程及计算方法，2016 年岷江上游流域地区核心区 5 县引水工程可供水量为 7929 万 m³，在 2020 年引水工程可供水量为 10386 万 m³，到规划远期水平年 2030 年引水工程可供水量为 11228 万 m³，详见表 8-26。

表 8-26 岷江上游流域引水工程供水成果表 （单位：万 m³）

地区	2016年可供水量	2020年可供水量		2030年可供水量(预测)	
		原2016年水利设施	新增水利设施后	原2016年水利设施	规划新增水利设施后
黑水县	1283	1155	1431	1062	1703
理县	923	877	1418	795	1504
茂县	2004	1903	2786	1751	2743
松潘县	1743	1394	2291	1273	2646
汶川县	1976	1739	2460	1652	2632
合计	7929	7068	10386	6533	11228

3. 提水工程

岷江上游流域分布有不同数量的取水泵站工程，在计算此部分可供水量时，按照现有供水对象的需水量及设计供水能力进行计算，同时考虑该流域地区水利发展的重心为引水工程，其规划可供水量为556万 m³，详见表8-27。

表 8-27 岷江上游流域地区核心区5县提水工程供水量表 （单位：万 m³）

地区	可供水量
黑水县	26
理县	218
茂县	174
松潘县	22
汶川县	116
合计	556

4. 地表水供水总量

根据上述蓄水工程、引水工程及提水工程可供水量计算可知，2016年水利设施到2020年地表水供水工程可供水量为7689万 m³，2030年预测可供水量为7151万 m³；算上新增水利设施后，2020年可供水量为11219万 m³，2030年预测可供水量为13893万 m³，见表8-28。

表 8-28 岷江上游流域地区核心区5县地表水供水量成果表 （单位：万 m³）

地区	2016年可供水量	2020年可供水量		2030年可供水量(预测)	
		原2016年水利设施	新增水利设施后	原2016年水利设施	规划新增水利设施后
黑水县	1309	1181	1474	1089	1946
理县	1141	1095	1666	1013	1942
茂县	2216	2110	3044	1956	3894
松潘县	1800	1446	2413	1323	2783
汶川县	2094	1857	2622	1770	3328
合计	8560	7689	11219	7151	13893

8.4.2   地下水供水预测

岷江上游流域地下水供水工程主要为机电井浅层地下水取水，根据《2017 年阿坝州水资源公报》可知，2016 年其浅层地下水供水量为 344 万 m³，考虑到地下水开采的不可逆性及较低保证率等特性，同时结合阿坝藏族羌族自治州实施最严格的水资源管理制度要求，地下水供水量并未超过地下水可开采量，分析得知 2030 年其地下水开采方式以保护为主，开采量保持现状不变，因此到 2030 年阿坝藏族羌族自治州地下水可供水量为 344 万 m³，详见表 8-29。

表 8-29   2030 年岷江上游流域地区核心区 5 县地下水供水量成果表   （单位：万 m³）

地区	可供水量
黑水县	3
理县	126
茂县	182
松潘县	20
汶川县	13
合计	344

8.4.3   供水量预测

根据前述分析可知，岷江上游流域 2016 年水利设施到 2020 年可供水量为 8034 万 m³，到 2023 年可供水量为 7494 万 m³；新增水利设施后，岷江上游流域 2020 年可供水量为 11563 万 m³，到 2030 年可供水量为 14237 万 m³，详见表 8-30。

表 8-30   岷江上游流域地区核心区 5 县总供水量成果表   （单位：万 m³）

地区	2016 年可供水量	2020 年可供水量		2030 年可供水量（预测）	
		2016 年水利设施	新增水利设施后	2016 年水利设施	规划新增水利设施后
黑水县	1312	1184	1477	1092	1949
理县	1267	1221	1792	1139	2068
茂县	2399	2293	3227	2138	4076
松潘县	1819	1466	2432	1342	2803
汶川县	2107	1870	2635	1783	3341
合计	8904	8034	11563	7494	14237

8.5 社会经济需水量平衡

8.5.1 需水量平衡计算方法

水资源供需分析是一个多方案比选、多反馈协调平衡的过程。根据不同水平年的需水量预测、节水、水资源保护和供水预测结果，以及不同水平年的供水预测方案，开发一套供需分析方案集。

基准年的供需分析计划是根据项目在强节水计划下各水平年需水量预测和项目的实际供水能力确定的，它平衡了基准年的供需，反映了基准年的缺水情况，为今后确定水资源开发利用方向、解决水资源供需矛盾奠定了基础。

初步供需分析方案以节水方案规划水平年的需水量预测结果为基础，结合现有工程的挖潜配套，提高供水能力。平衡规划水平年的供需应在充分发挥现有工程供水能力、加强节水的前提下，分析未来规划水平年的缺水情况，为新建供水工程提供依据。如果一级供需分析出现缺口，应在此基础上规划一批新的地方水源工程，并对规划水平年进行二级供需分析，即通过加强节水、新建供水工程、新建水源工程等各项措施，开发潜在的配套设施，合理抑制用水需求，增加供水量，保护生态环境，实现基本的供需平衡。供需平衡分析是一个多方案比选、持续反馈、双方调整的过程。

8.5.2 基准年供需平衡分析

在 2016 年的基础上，按照现状经济社会发展水平、用水水平和节水水平，对不同频率的来水和需水进行基准年供需分析。需水方案为需水预测中基准年需水方案，供水方案为现状供水基础设施组成的供水系统。

基准年可供水量按划定的水资源三级区为计算单元，以已有供水工程组成的供水系统，根据现状年不同需水保证率的要求，在现状水资源开发模式和一定水质条件下，经过水量平衡调节计算确定。

岷江上游流域地区核心区五县可供水量以 2016 年为基础，得到多年平均可供水量的计算成果，详见表 8-31。

表 8-31 岷江上游流域地区核心区基准年分区供需分析成果表

地区	多年平均				P=75%			
	需水量/万 m³	供水量/万 m³	缺水量/万 m³	缺水率/%	需水量/万 m³	供水量/万 m³	缺水量/万 m³	缺水率/%
黑水县	1390	1312	78	5.61	1523	1351	172	11.29
理县	1467	1267	200	13.63	1620	1295	325	20.06
茂县	3058	2399	659	21.55	3464	2478	986	28.46
松潘县	1972	1819	153	7.76	2114	1889	225	10.64
汶川县	2323	2107	216	9.30	2573	2168	405	15.74
合计	10210	8904	1306	12.79	11294	9181	2113	18.71

8.5.3　水资源一次供需平衡

　　为了清晰地描述在无新建供水工程条件下,岷江上游流域水资源供需变化,首先进行一次水资源供需分析,一次供需平衡分析是分析在区域现状供水能力下,在不同规划水平年不同区域的供、需、缺水状况,确定不同水平年的供水目标,为水源工程规划提供依据,以便发现未来岷江上游流域水资源供需矛盾产生的原因,并提出相应的解决方案。水资源一次供需分析即在水资源供给方面,不考虑增加新工程和新供水措施,完全以现状工程组成的供水系统去应对未来社会经济发展在水资源的需求情景下的供需分析。考虑到当地水利设施工程退减等情况导致供水降低,因此,在 2020 年可供水量为 8034 万 m³,到 2030年预测可供水量为 7494 万 m³。岷江上游一次供需平衡成果见表 8-32 和表 8-33。

表 8-32　岷江上游流域 2020 年水资源一次供需平衡成果表

地区	多年平均				P=75%			
	需水量/万 m³	供水量/万 m³	缺水量/万 m³	缺水率/%	需水量/万 m³	供水量/万 m³	缺水量/万 m³	缺水率/%
黑水县	1456	1184	272	18.68	1587	1126	461	29.05
理县	1777	1221	556	31.29	1981	1177	804	40.59
茂县	3185	2293	892	28.01	3601	2199	1402	38.93
松潘县	2420	1466	954	39.42	2608	1397	1211	46.43
汶川县	2644	1870	774	29.27	2928	1783	1145	39.11
合计	11482	8034	3448	30.03	12705	7682	5023	39.53

表 8-33　岷江上游流域 2030 年水资源一次供需平衡成果表(预测)

地区	多年平均				P=75%			
	需水量/万 m³	供水量/万 m³	缺水量/万 m³	缺水率/%	需水量/万 m³	供水量/万 m³	缺水量/万 m³	缺水率/%
黑水县	1966	1092	874	44.46	2162	1039	1123	51.94
理县	2061	1139	922	44.74	2279	1099	1180	51.78
茂县	4037	2138	1899	47.04	4583	2052	2531	55.23
松潘县	2811	1342	1469	52.26	2978	1280	1698	57.02
汶川县	3450	1783	1667	48.32	3829	1700	2129	55.60
合计	14325	7494	6831	47.69	15831	7170	8661	54.71

8.5.4　缺水问题分析及解决途径

　　由水资源一次供需平衡分析结果可知,2020 年岷江上游流域总需水量为 11482 万 m³,缺水量为 3448 万 m³,缺水率达 30.03%;2030 年总需水量预测为 14325 万 m³,缺水量为 6831 万 m³,缺水率为 47.69%。2020 年流域缺水率处于 20%以上,到 2030 年流域缺水率预测达到 45%以上。

因此，岷江上游流域现状的供水能力及用水模式不足以支撑用水需水，需要进一步采取应对措施，综合采用开源、节流和挖潜三方面措施，在新(扩)建当地水利工程的基础上，最大化提高已有引水工程的供水能力，保障岷江上游流域用水需求。

8.5.5 水资源二次供需平衡

水资源二次供需平衡是在水资源一次供需平衡的基础上，考虑进一步进行新建工程、强化节水、挖潜等工程措施，以及合理提高水价、调整产业结构、抑制需求的不合理增长和改善生态环境等措施的基础上进行的水资源供需平衡分析。

在岷江上游流域有条件的地区新扩建一批中型引水工程，结合分散的小型农田水利工程，保证各片区在充分开发当地水源供水潜力的基础上，最大化提高已有引水工程的供水能力。

根据区域社会经济需水情况及规划水平年可供水量分析，规划工程实施后，2020 年供水量达 11563 万 m³，富余量 81 万 m³，缺水率-0.71%；2030 年在多年平均情况下预测供水量达 14237 万 m³，缺水量 88 万 m³，缺水率 0.61%，岷江上游流域水资源基本达到供需平衡。岷江上游流域 2020 年和 2030 年水资源二次供需平衡成果见表 8-34 和表 8-35。

表 8-34 岷江上游流域 2020 年水资源二次供需平衡成果表

地区	多年平均				P=75%			
	需水量/万 m³	供水量/万 m³	缺水量/万 m³	缺水率/%	需水量/万 m³	供水量/万 m³	缺水量/万 m³	缺水率/%
黑水县	1456	1477	-21	-1.44	1587	1509	78	4.91
理县	1777	1792	-15	-0.84	1981	1840	141	7.12
茂县	3185	3227	-42	-1.32	3601	3352	249	6.91
松潘县	2420	2432	-12	-0.50	2608	2574	34	1.30
汶川县	2644	2635	9	0.34	2928	2709	219	7.48
合计	11482	11563	-81	-0.71	12705	11984	721	5.67

表 8-35 岷江上游流域 2030 年水资源二次供需平衡成果表(预测)

地区	多年平均				P=75%			
	需水量/万 m³	供水量/万 m³	缺水量/万 m³	缺水率/%	需水量/万 m³	供水量/万 m³	缺水量/万 m³	缺水率/%
黑水县	1966	1949	17	0.86	2162	2016	146	6.75
理县	2061	2068	-7	-0.34	2279	2132	147	6.45
茂县	4037	4076	-39	-0.97	4583	4253	330	7.20
松潘县	2811	2803	8	0.28	2978	2918	60	2.01
汶川县	3450	3341	109	3.16	3829	3520	309	8.07
合计	14325	14237	88	0.61	15831	14839	992	6.27

　　通过分析岷江上游流域地区核心区 5 县的社会经济需水量和总供水量可知，在目前供水能力下研究区域供水无法满足需求，通过在岷江上游流域修建水利工程设施，对岷江上游流域水资源进行二次供需平衡，2020 年实现供水 11563 万 m³，水资源盈余 81 万 m³；2030 年预测实现供水 14237 万 m³，水资源短缺 88 万 m³，岷江上游流域社会经济水量基本实现供需平衡。

第9章 岷江上游流域城镇化与水资源系统耦合

9.1 城镇化与水资源耦合协调发展的基本内涵

9.1.1 概念界定

1. 城镇化的概念

城镇化相关概念的定义很多，通常是指农村人口向城市人口转化的过程，即农村人口向城市转移并向城镇集中的过程。城镇化具有人口、经济、空间和社会四大属性。

本书将城镇化定义为人口城镇化、经济城镇化、空间城镇化和社会城镇化。人口城镇化是指人口在空间上转移的表现形式，即人口从农村向城市集中，人口城市化的结果是城市人口规模不断扩大。经济城镇化是指要素资源向城镇集中，经济结构不断优化，第二、第三产业比重上升，第一产业比重下降的演变过程。空间城镇化是城市空间的扩展和延伸，表现为城市土地利用规模的扩大和利用强度的提高。社会城镇化是人口城镇化、空间城镇化和经济城镇化达到一定水平后，城市基础设施和社会保障不断完善的过程。

2. 水资源的概念

水资源是指在一定区域内由可为人类利用的各种形态的水所构成的统一体。统一体中的各种水按照一定的规律相互联系、相互转化，体现出明显的整体功能、层次结构和具体行为。

水资源由自然降水、地表水、地下水和再生水组成。自然降水是水资源的基础，是地表水、地下水和再生水形成的必要条件。自然降水是由地表水蒸发形成的，它通过径流形成河流、湖泊等地表水，地表水通过渗透形成地下水。人类活动将地表水和地下水产生的部分污水排入环境，部分处理后的水形成再生水用于社会生产。

从地球水循环的角度来看，水资源是一种可以不断更新、转化和循环利用的动态资源。然而，从区域水循环的角度来看，现有的淡水资源是有限的，甚至是稀缺的，一旦过度开发利用，就会导致动态平衡的破坏和一系列的水资源危机。

3. 耦合的概念

"耦合"一词源自物理学，是指两个(或以上)系统或运动通过各种相互作用而彼此影响的现象。耦合度描述系统之间、系统内部各要素之间彼此相互作用和影响的程度。

4. 协调发展的概念

协调既是手段，又是目的，词义上讲是"协调以达到同步发展"，其主要含义是指两个系统及内部各要素之间的协调状态,或者特定发展模式下两个系统出现量变乃至质变的过程。

协调发展是指两个系统之间相互影响、相互促进,达到同步发展的过程,这个过程具备发展目标协调、内外部协调、功能协调、组织管理协调四大特点。

(1)发展目标协调是指城镇化内部各产业部门和水资源内部各子板块的具体目标与总体目标一致。当两大系统的子系统目标与总目标不一致时,需要及时调整各子目标,以保证总体目标的顺利实现。

(2)内外部协调是指两大系统之间、各子系统内部、城镇化子系统与水资源子系统内部之间在时空中都协调顺畅的关系。当这些相互关系中有一部分不够通畅时,两大系统的常规运转就会受到连带影响。因此,需要对系统内部的各子系统或各部分进行有效梳理,实现自适应和自调整,达到内外部协调。

(3)功能协调是指在两大系统中,各系统所体现的功能是不同的,这些不同功能的系统组合在一起,从而形成了一个严密的整体,各系统缺一不可。

(4)组织管理协调是指两大系统在管理制度上的一致性,这种一致性本质上是同一种管理制度所体现出来的管理效率,这是实现城镇化与水资源发展的重要外部约束制度。这里的制度包括管理的制度、规范、方法、措施和手段等。

发展主要概括城镇化与水资源之间的共生途径,也就意味着两大系统通过发展这种途径,将驶向更加科学、协调的关系。本书所研究的城镇化与水资源耦合协调发展是指城镇化过程中所包含的人口变迁、经济增长、社会发展、空间扩张与水资源、水环境之间的全方位的合作发展,而不是孤立的、片面的、狭隘的各自增长过程。"协调发展"综合、继承、发扬了"协调"和"发展"的概念,"协调发展"体现了系统性、协调性、一致性、变化性等多个特征,综合反映了城镇化与水资源之间的关联、互促等关系及其影响程度。

在"城镇化-水资源"耦合系统中,城镇化系统扮演需水的角色,也可以理解为需水系统,城镇化的需水量主要取决于其发展速度和水资源的供水能力。水资源起着供水作用,也可以理解为供水系统,水资源的供水能力主要取决于其本底条件和城镇化系统的需水情况。

9.1.2　城镇化与水资源耦合协调发展的特征

1. 自组织特征

城镇化与水资源耦合的自组织特征是指两大系统在相对稳定的环境下,系统与其外部自然环境、物质环境、社会环境、信息环境之间的能量输送与传导,从而形成一种新的稳态结构或促进自身发展,这种过程被称为自组织过程。在自组织过程中,系统能够促进自身不断发展的主要动力源于城镇系统内部各要素与水资源内部各部分之间的复杂关系。自组织特征主要包括自适应、自进化、自发展三个方面。

(1)自适应特征指城镇化与水资源的耦合系统自身同其外部环境具有的自我调整、相互融合的能力。这种外部环境通常指更大的区域范围或系统。例如,新疆城镇化与水资源耦合的外界环境可以是西北地区或者干旱地区。按照协同发展理论的思想来看,系统内部和外部之间存在较为复杂的交流、反馈机制，正是因为耦合系统之间存在这样的机制，促进了系统从固有的功能向新的功能转变。

（2）自进化特征是指系统自我调整、自我优化、自我从量变到质变的能力。根据协同理论，城镇化与水资源耦合演化进程中有着多种影响因素，这些影响因素由小部分变化速度慢的变量和大部分变化速度快的变量组成，系统朝着好的方向发展，数量少且速度慢的因素决定、控制着系统发展的方向，而且这些因素也主导着变化速度快的变量。

（3）自发展特征是指城镇化与水资源所形成的稳态系统具有审视自身，对自我进行扬弃、去粗取精、去伪存真的能力。在这个过程中，当原有系统不能按照原有路径继续前进时，就有必要变换一种新的发展方式。当系统所面临的内外部条件发生变化时，那么原有的稳态结构也将失去存在的意义，从而最终被剔除。此时，在其他影响因素的驱动下，依靠自我调节功能，耦合系统将形成新的结构、新的组织、新的功能，从而完成自我发展。

2. 被组织特征

一方面，人是城镇发展的基本要素，也是城镇与水资源得以耦合的能动主体，包括城镇人口、城镇产业工作人员等。人类活动具有很强的目的性，城镇化与水资源耦合的子系统的规划设计者作为具有主观能动性的主体，直接推动两者的发展，其演化显然受到外驱动力的主导和限制，如环境规划、城镇规划等，所以城镇化与水资源耦合的演化发展具备自然属性和社会属性双重特征，而且具备自我发展和自我约束的能力(李锦，2017)，在这两种作用下，推动系统正向前进。

另一方面，两大系统的协同发展是建立在各子系统协调发展的基础之上的，但是在耦合系统中，各子系统往往具有独立的社会经济功能或者发展目标。所以，各子系统的发展过程并不会完全遵循各自的发展路径，而是自身与其他系统相互作用的一个过程，也即组织和被组织相互作用，一起推动系统演化。

9.1.3　城镇化与水资源耦合协调发展的条件

1. 外部条件

城镇化与水资源耦合是一个变化的系统，同时也是一个不平衡的系统，而且系统间的影响较为复杂，属于典型的耗散结构。耗散结构理论一般用"熵"来描述系统的规范化程度。城镇化与水资源耦合系统与外界物质、能量存在交流，"熵"的变化用 A 表示，$A=B+C$，B 表示外部环境导致的"熵"的变化程度，C 表示内部环境"熵"的变化程度。在非封闭系统中，B 的值正负均可；而按照"熵"值最小化原理，C 为正。所以，当 B 为负值时，且 B 的绝对值大于 C 时，$A<0$ 时才能保证系统总"熵"值的减少，即城镇化与水资源耦合系统从外界吸收负"熵"流足以抵消系统内部增加的"熵"流，此时耦合系统的协调发展作用得以体现，耦合系统会朝着更加规范的方向演化；反之，耦合系统不规则性增强，导致耦合系统恶性发展，有可能致使系统衰亡。

2. 内部条件

耦合系统内部协调发展是城镇化与水资源之间各子系统的逻辑结构合理、功能齐全、稳定演化的重要因素，影响着耦合系统发生量变和质变的一般过程，体现内部各子系统之间的协作水平，是耦合系统及其组成部分的纽带。通常来讲，这种协调水平越高，耦合系统就越规范。在这种协调作用下，可以最大限度地实现各系统及其组成部分的总体目标，达到"1+1＞2"的效果，使协调有序演化。相反，协调水平越低，耦合系统越不规范，产生负面作用，影响、阻碍各子系统及其组成元素间的协调发展，出现"1+1＜2"的情况，导致耦合系统瓦解、崩塌。

9.1.4 城镇化与水资源耦合协调发展的目标

城镇化与水资源耦合协调发展的目标包括发展持续性、发展协调性和发展效益性，如图 9-1 所示。

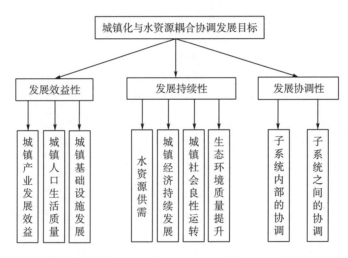

图 9-1 城镇化与水资源耦合协调发展目标

1. 发展效益性

在城镇化与水资源耦合系统中，水资源作为一种环境要素或者生态要素，强调的是其生态效应，城镇化系统作为一种社会要素或者经济要素，强调的是其经济效益和社会效益，城镇化系统中各个构成部分相互协调发展，以达到各自的效应。城镇化系统总体协调时，内部的各构成要素之间朝着同一个方向发展和演进，大大降低了不协调发展所带来的坏的影响，调动各构成要素的积极性，将内部的自我消耗降低，进而提高各构成部分和系统整体的性能。

2. 发展持续性

发展持续性是指耦合系统在外部影响因素扰动的情况下，自我恢复和调节的能力，它从时间的角度来体现系统协调发展的演化规律，体现耦合系统的非稳定特性。城镇化与水资源耦合发展的持续性包括水资源供需、城镇经济持续发展、城镇社会良性运转、生态环境质量提升等部分。生态环境是一切的基础，离开了资源、环境来谈城镇化的持续性发展是不科学的。城镇化与水资源协调发展的目标是高效利用耦合系统中的资源和环境消耗，促进耦合系统良性发展和运转。

3. 发展协调性

耦合系统的发展目标是多样的，各构成部分和外部因素之间的发展目标存在不一致性，个体目标和整体目标的实现途径和判断依据不尽相同。发展协调性主要指，城镇化与水资源耦合协调发展具有目标多样性、因素复杂性等特点，水资源的供水系统与城镇化中的人口、空间、经济、社会处于协调状态是整个系统走向有序的保证(李锦，2003)。

9.2 城镇化与水资源耦合机理分析

城镇化与水资源的耦合机理主要通过城镇化对水资源的影响和水资源对城镇化的影响两个方面来体现(高翔等，2010)，详见图9-2。在城镇化对水资源产生影响的层面，一方面人口、经济、空间、社会的城镇化使得区域的需水量大量增加，加大了现有需水系统的负担，并通过水资源的消耗和污染与水资源系统产生了胁迫作用；另一方面，城镇化为区域带来了大量科技、信息、制度、资金与劳动力资源，对水资源供水系统起到了支持作用。从水资源对城镇化产生影响的层面来看，数量充足、质量较好的水资源增强了供水系统的供给能力，从而缓解了需水系统由于城镇化进程产生的压力，并能够满足城镇化对水资源的持续增加需求，从而对城镇化起到重要的支持作用。

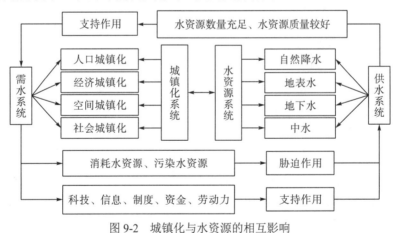

图9-2　城镇化与水资源的相互影响

9.2.1 城镇化对水资源的影响机理

1. 人口城镇化对水资源的影响机理

人口城镇化集中表现为农村人口向城镇汇集，主要得益于城镇产业、城镇经济、城镇服务等吸引能力。人口的积聚可以使自然资源实现其应有的使用价值，人口向城镇集中可以更好、更高效地利用要素资源,有利于实现规模效益。在人口城镇化的过程中,如果人口规模以及人类的各项社会经济活动对水资源的需求在水资源的供给承受范围之内,那么两个系统之间可以实现协调发展;但如果人口规模以及人类的各项社会经济活动对水资源的需求超出了水资源的供给承受范围,加上受到两系统内部自调控能力的约束,可能导致耦合系统发生紊乱,出现一系列城镇问题和供水矛盾,这时人口城镇化与水资源之间的发展不能实现协调可持续。一般情况下,人口城镇化对水资源产生促进作用和胁迫作用两方面的作用(宋超山等,2010),详见图9-3。促进作用体现在人类对水资源合理开发利用的主导作用,人类会通过技术手段(如节水技术)、经济手段(如提高水价格)、法规手段(如制定水资源开发利用规划)等来管理和保护水资源,提高水资源利用效率,实现水资源与人口城镇化的良性互动。胁迫作用体现在两个方面:一是对水资源的消耗;二是对水资源的污染。随着人口规模的增加,对水资源的需求会越来越大,而且在这个过程中,人类活动将会产生大量的污染物,对水资源造成污染,如果水资源可以承受人口城镇化带来的干扰,那么二者可以协调发展;反之,将会导致二者均得不到有效发展。

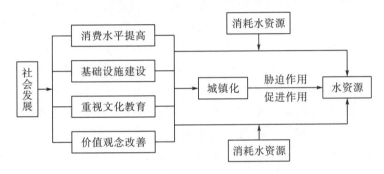

图 9-3　人口城镇化对水资源的作用机理

2. 经济城镇化对水资源的影响机理

从经济层面上说,城镇化是经济在空间上的一种演化过程,是由传统农业农村经济向工业、服务业城镇经济演变的一个过程。经济规模的扩大是促进城镇化的推动力,同时,城镇化为经济发展提供平台。经济城镇化对水资源产生促进作用和胁迫作用,详见图9-4。促进作用体现在,城镇经济的发展为保护、开发、利用水资源提供了更多的资金支持,可实现水资源"边开发、边利用、边保护"的目标。胁迫作用体现在,在经济城镇化的过程中,产业规模的扩大势必增加对水资源的需求,产业结构的变动也会影响需水量,一般而言,在我国,第一产业用水量的比重相当大,产业结构由"一二三"向"二三一"或者"三二一"转变原则上可以节约水资源,进而减缓水资源的压力,但经济城镇化对水资源的胁迫最终取决于二者的综合作用。

与此同时,城镇产业的发展,尤其工业的发展产生的大量废水将对水资源造成严重威胁,使水资源质量下降、生态环境恶化。总体而言,在经济城镇化过程中,假如仅仅关注经济城镇化的速度和规模,而不关注经济城镇化的质量,忽略水资源的合理开发和有效保护,将会对水资源产生不可逆的影响,反过来制约经济城镇化的进程。

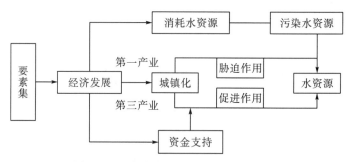

图 9-4　经济城镇化对水资源的作用机理

3. 空间城镇化对水资源的影响机理

空间城镇化最简单的解释是城镇在地域空间上的扩张,空间城镇化主要通过土地利用类型的转化来完成,土地利用类型的空间演变过程展现了空间城镇化与水资源的联系。空间城镇化对水资源产生促进作用和胁迫作用,详见图 9-5。促进作用主要表现在空间城镇化通过调整土地利用结构以及改变城镇功能来缓解水资源的压力。从土地利用类型来看,多数城镇建设用地属于耗水型用地,而绿化用地、湿地等可以涵养水源、调节气候,在一定程度上缓解水资源的压力,但是绿化用地、湿地等涵养水源的土地利用类型往往在城镇建设用地中的比重较小,对化解空间城镇化与水资源之间矛盾的作用较小。所以,在空间城镇化的过程中,一定要规划一定比例的绿化用地,保护好城镇湿地资源。胁迫作用体现在,一方面,空间城镇化的发展对水资源造成生态压力,主要表现为对涵养水源功能较大的农地的侵占,甚至一些地方出现填湖、填海建城的情况;另一方面,随着建设用地规模的扩大,对水资源的需求也不断扩大,这都将给水资源的承载力带来严峻的挑战。

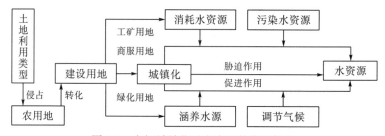

图 9-5　空间城镇化对水资源的作用机理

4. 社会城镇化对水资源的影响机理

社会城镇化主要体现在城镇基础设施建设、城镇消费水平提高、城镇居民生活理念改变、科教文卫更加重视等方面,是城镇化的高级形式。城镇生存、生活方式的现代化发展离不开生态环境的支持,通过建立城镇化与水资源的耦合系统,实现城镇各要素的生态化与和谐化。社会城镇化也会对水资源产生促进作用和胁迫作用,详见图 9-6。促进作用表现为,社会城镇化水平越高,人们环境保护的意识越强,环保投入越多,水资源的利用效率就越高,反向推动社会城镇化向更高层次发展。胁迫作用表现为,社会城镇化水平越高,越会吸引更多的人口,消耗更多的水资源,排放更多的污染物,对水资源造成胁迫,导致水生态越来越脆弱。

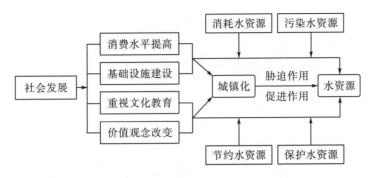

图 9-6　社会城镇化对水资源的作用机理

9.2.2　水资源对城镇化的影响机理

1. 水资源对人口城镇化的影响机理

水资源对人口城镇化的影响包括支撑作用和制约作用两个方面，详见图 9-7。一方面，水资源质量越高、结构越稳定、功能越完善，对人口城镇化提供的服务就越好，人口城镇化发展就越好，发展速度也越快，质量也会越高；另一方面，当人口城镇化发展到一定程度后，如果人口城镇化规模继续扩张，但此时水资源供给能力达到上限，人口城镇化就会对水资源产生不利影响，水资源的功能和作用就会降低，反过来制约人口城镇化发展的进度和质量，影响人的生产生活。

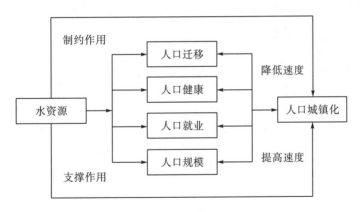

图 9-7　水资源对人口城镇化的作用机理

2. 水资源对经济城镇化的影响机理

水资源对经济城镇化系统的影响包括支撑作用和制约作用两个方面，详见图 9-8。一方面，水资源功能越健全，对经济城镇化提供的服务就越好，可以很好地支持相关产业的发展，经济城镇化发展就越好，发展速度也越快，质量也会越高；另一方面，当经济城镇化发展到一定程度后，如果经济城镇化规模继续扩张，但此时水资源供给能力达到上限，经济城镇化子系统就会对水资源生态系统产生不利影响，水资源的功能和作用就会降低，进而影响经济城镇化的发展质量。

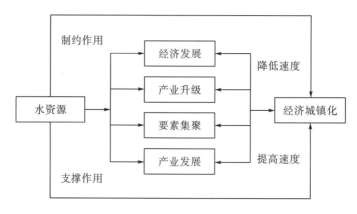

图 9-8 水资源对经济城镇化的作用机理

3. 水资源对空间城镇化的影响机理

水资源对空间城镇化系统的影响包括支撑作用和制约作用两个方面，详见图 9-9。一方面，水资源功能越健全，对空间城镇化提供的服务就越好，就越能满足城镇土地利用和城镇空间的拓展和延伸，空间城镇化就越健康、合理，空间城镇化子系统自身的发展速度也越快，质量也会越高；另一方面，当空间城镇化子系统发展到一定程度后，如果空间城镇化规模继续扩张，但此时水资源供给能力达到上限，空间城镇化就会对水资源生态系统产生不利影响，水资源的功能和作用就会降低，进一步影响空间城镇化的发展质量。

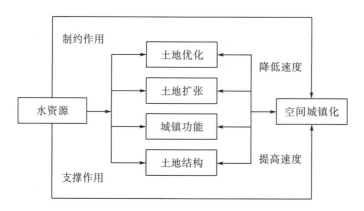

图 9-9 水资源对空间城镇化的作用机理

4. 水资源对社会城镇化的影响机理

水资源对社会城镇化的影响包括支撑作用和制约作用两个方面，详见图 9-10。在支撑作用方面，水资源功能越健全，对社会城镇化子系统提供的服务就越好，就越能满足城镇基础设施建设和城镇教科文卫发展的需要，社会城镇化就越健康、合理，社会城镇化自身的发展速度也越快，质量也会越高；在制约作用方面，当社会城镇化发展到一定程度后，如果社会城镇化规模继续扩张，但此时水资源供给能力达到上限，社会城镇化就会对水资源生态系统产生不利影响，水资源的功能和作用就会降低，进而影响社会城镇化的发展质量。

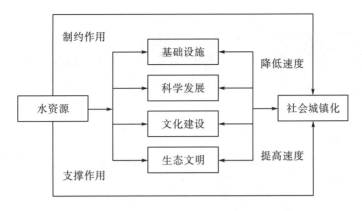

图 9-10　水资源对社会城镇化的作用机理

9.3　评价指标体系与测度方法

9.3.1　评价指标体系的构建

城镇化与水资源环境之间的耦合关系是非常复杂的,采用单一线性指标无法真实反映二者之间的内在关系与规律。本书在张胜武(2012)所建的局部评价指标体系基础上,根据数据可获取原则,作一些适当的修改。修改后的城镇化发展指标包含经济城镇化、空间城镇化、人口城镇化、社会城镇化四个中间层,每个中间层指标下再细分若干个方案层指标(表 9-1)。

表 9-1　城镇化发展评价指标及权重分配

系统决策层	中间层及权重	方案层及权重	指标属性
城镇化发展	经济城镇化 (0.3956)	地区生产总值 (0.1299)	正效
		第二产业增加值 (0.0471)	正效
		第三产业增加值 (0.0271)	正效
		全社会固定资产投资 (0.0185)	正效
		人均地区生产总值 (0.173)	正效
	空间城镇化 (0.05421)	城区面积 (0.0024)	正效
		城市绿地面积 (0.0083)	正效
		城市燃气普及率 (0.01551)	正效
		建成区绿化覆盖率 (0.0118)	正效
		建成区面积 (0.0034)	正效
		人均城市道路面积 (0.0058)	正效
		人均公园绿地面积 (0.0070)	正效
	人口城镇化 (0.1135)	城市人口密度 (0.0346)	正效
		城镇单位就业人员 (0.052)	正效
		城镇人口 (0.0163)	正效
		年末常住人口 (0.0106)	正效

续表

系统决策层	中间层及权重	方案层及权重	指标属性
城镇化发展	社会城镇化 (0.437)	城镇居民家庭人均交通和通信消费支出(0.0121)	正效
		城镇居民家庭人均居住消费支出(0.0951)	负效
		城镇居民家庭人均食品消费支出(0.1294)	正效
		城镇居民家庭人均医疗保健消费支出(0.0636)	正效
		道路长度(0.0239)	正效
		道路面积(0.021)	正效
		教育业城镇单位就业人员(0.0545)	正效
		社会消费品零售总额(0.0374)	正效

注：表中数据均四舍五入，故总和不为1。

从水资源本底条件、水资源环境压力、水资源开发与管理、水资源利用效率等四个方面选取 25 个方案层指标构建水资源环境评价指标(表 9-2)。

表 9-2 水资源环境评价指标及权重分配

系统决策层	中间层及权重	方案层及权重	指标属性
水资源环境	水资源本底条件 (0.6069)	地表水供水总量(0.0475)	正效
		供水总量(0.2528)	正效
		生活用水总量(0.0188)	负效
		生态用水总量(0.0123)	负效
		水库数(0.0453)	正效
		水库总库容量(0.0975)	正效
		用水总量(0.1077)	负效
		地下水供水总量(0.025)	正效
	水资源环境压力 (0.0914)	城市排水管道长度(0.007)	正效
		城市污水日处理能力(0.0275)	正效
		除涝面积(0.0048)	正效
		建成区面积(0.0034)	正效
		废水排放总量(0.0224)	负效
		供水管道长度(0.0069)	正效
		水土流失治理面积(0.0194)	负效
	水资源开发与管理 (0.0748)	城市用水普及率(0.0322)	正效
		地方财政农林水事务支出(0.0088)	正效
		工业用水总量(0.0168)	正效
		人均用水量(0.0122)	正效
		治理废水项目完成投资(0.0048)	正效
	水资源利用效率 (0.2301)	有效灌溉面积(0.0617)	正效
		淡水产品产量(0.0107)	正效
		粮食产量(0.0997)	正效
		蔬菜产量(0.0378)	正效
		水产品总产量(0.0202)	正效

注：表中数据均四舍五入，故总和不为1。

9.3.2　数据的标准化处理

由于不同评价指标具有不同的量纲单位，属性与属性之间不存在可比性，为了消除指标之间的量纲影响，需要进行数据标准化处理。本书采用 min-max 离差标准化对指标进行无量纲化处理。

对于正效指标，指标值越大，则其对系统所作的正贡献也就越大，转化函数为

$$Z_{ij} = (X_{ij} - \min X_{ij}) / (\max X_{ij} - \min X_{ij}) \tag{9-1}$$

对于负效指标，指标值越大，则其对系统所作出的负贡献也越大，转化函数为

$$Z_{ij} = (\max X_{ij} - X_{ij}) / (\max X_{ij} - \min X_{ij}) \tag{9-2}$$

9.3.3　指标权重处理及综合指数计算

在选取的 49 个指标中，由于各指标的重要性不同，需要对各指标进行权重的分配。学术界常用的方法包括主观层次分析法（analytic hierarchy process，AHP）与客观熵权法等。考虑到如果采用客观熵权法，每个地区资源禀赋的不同肯定会导致同一个指标权重在不同地区之间有较大差异。因此，本书采用主观层次分析法对指标进行统一的权重确定，表 9-1 与表 9-2 括号中的数据为各指标的权重计算结果。根据上述权重计算结果，本书采用线性加权法分别对水资源环境、城镇化发展的综合指数进行计算。线性加权法具体计算方法为标准化后的第 i 项方案层数据 x_i 与各自对应的权重 p_i 相乘后再相加，从而得到最终的综合指数 $F(X)$，其计算公式为

$$F(X) = \sum_{i=1}^{m} p_i x_i (i = 1, 2, 3, \cdots, m) \tag{9-3}$$

9.3.4　城镇化发展与水资源环境的耦合协调模型

耦合是指两个事物之间相互依赖于对方的一个量度，许多学者将耦合模型成功应用到了经济与社会发展的关系研究中，并取得了很好的研究效果。为揭示城镇化发展与水资源环境的耦合协调关系，采用廖重斌（1999）的协调度计算方法作为研究城镇化发展与水资源环境耦合协调的模型（尹风雨等，2016），该模型函数表示为

$$C_i = \left\{ \frac{f(x_i)g(y_i)}{\left[\frac{f(x_i)+g(y_i)}{2}\right]^2} \right\}^k \tag{9-4}$$

$$T_i = \alpha f(x_i) = \beta g(y_i) \tag{9-5}$$

$$D_i = \sqrt{C(i)T(i)} \tag{9-6}$$

式中，C_i 为协调度或协调系数，它反映城镇化发展与水资源环境二者第 i 年的组合协调程度；k 为调节系数；$f(x_i)$ 为第 i 年的城镇化发展评价函数；$g(y_i)$ 为第 i 年的水资源环境评价函数；T_i 为水资源环境与城镇化发展水平第 i 年综合评价指数，它反映水资源环境与城镇化发展的整体效益或水平；α 与 β 为待定权数，本书认为保护水资源环境与城镇化发

展同等重要，故取值均定为 0.5；D_i 为第 i 年二者的协调发展系数，反映水资源环境与城镇化发展水平的高低；C_i 与 D_i 的取值区间为 [0，1]，它们越接近 1，表示二者的耦合协调度与发展水平越高。

9.4　城镇化与水资源耦合结果分析

9.4.1　城镇化与水资源环境系统耦合的影响因素

经计算得出，城镇化与水资源环境两系统各指标间的关联度基本上都在 0.35～0.58，属于中等及以上关联，表明岷江上游流域城镇化与水资源环境之间联系紧密。

为进一步揭示系统内部各要素交互耦合特征及主要驱动力，将上一层次计算的结果予以简单平均并进行排序，分别得到城镇化系统对水资源环境系统胁迫的主要因素和水资源环境系统对城镇化系统约束的主要因素，以及两系统内各功能团相互耦合的主要关系。

从流域来看，城镇化系统对水资源环境系统的协调度为 0.52，按胁迫程度排序为经济城镇化 (0.57) ＞社会城镇化 (0.56) ＞人口城镇化 (0.49) ＞空间城镇化 (0.45)。2013～2017年，岷江上游流域由于基础建设投入加大，第三产业发展加快，产业园区的规划也在全面实施，因此经济城镇化对水资源环境系统产生的胁迫影响最大。岷江上游流域城镇化目前处于转化发展阶段，社会发展水平相对较低，社会城镇化的影响也很突出。岷江上游流域整体产业还多属于耗水型、污染型产业，用水结构不合理，用水效益不高，导致经济城镇化对水资源环境系统的影响非常突出。

9.4.2　岷江上游流域城镇化与水资源环境系统耦合的时序变化特征

经计算，岷江上游流域 2013～2017 年城镇化与水资源环境系统的耦合度为 2013 年 0.49，2014 年 0.55，2015 年 0.53，2016 年 0.54，2017 年 0.58，如图 9-11 所示。

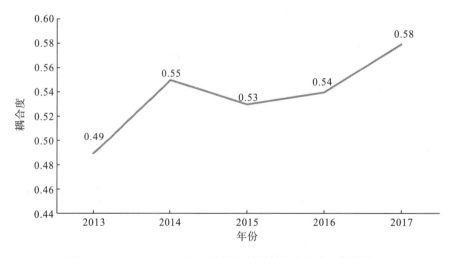

图 9-11　2013～2017 年岷江上游流域城镇化与水资源的耦合度

从岷江上游流域 2013～2017 年城镇化与水资源的耦合度变化来看,流域水资源的使用变化情况与城镇化的发展速度基本吻合。2014 年之前,由地震带来的资源援助及政策支持使流域的城镇化随着经济增长发展较快;2014 年之后,随着经济增速变缓,城镇化的发展速度也受到影响,加之岷江上游流域的用水限制越来越严格,因此耦合性增长速度变慢且存在略微负增长;而从 2016 年开始,由于汶马高速和工业产业园区的建设,流域城镇化水平增速较快,而且随着流域用水效率的提升,其城镇化与水资源的耦合协调也逐渐变好。

9.4.3　岷江上游流域城镇化与水资源环境系统耦合的空间变化特征

岷江上游流域各县城镇化与水资源耦合度变化特征(2013～2017 年)如图 9-12 所示。分析耦合度的空间变化可以更清楚地揭示岷江上游流域城镇化与水资源环境耦合的空间作用特征。

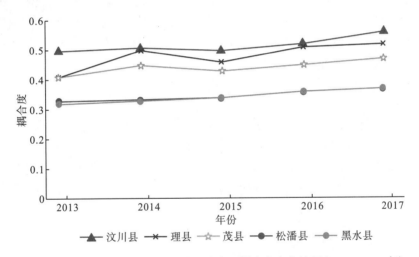

图 9-12　岷江上游流域各县城镇化与水资源耦合度变化特征(2013～2017 年)

从耦合度的发展趋势来看,岷江上游流域各县基本形成了城镇化与水资源耦合度逐步增长的态势。各县的耦合度差异基本按照流域的流向分布,即上游的黑水县、松潘县耦合度较低,下游的理县、茂县耦合度相对较高,最高的是该流域最下游的汶川县。黑水县、松潘县经济比较落后,以农业为主,产值较低,而这两个地区的人均水资源量却在流域中较高;从用水结构来看,用水量较大的是生活和农业用水,其经济社会和人口的城镇化程度明显较低,水资源的使用效益也较差。耦合度相对较高的是理县和茂县,其耦合度低于汶川的原因一方面是经济发展基础相比汶川县稍弱,以第一产业为主,第二、第三产业发展较慢;另一方面是理县的城镇化受空间限制较大,而茂县则是人均水资源量非常低。汶川县经济社会发展的地理区位优势明显,工业发展较快,特别是工业园区的建设和第三产业的发展为汶川县城镇化带来极大的推动力。

第10章 基于水资源管理信息系统的流域生态规划模型构建

10.1 水资源管理信息系统

1. 信息管理子系统

信息管理子系统的功能包括岷江上游流域数据信息的采集、处理、检索和查询,地理数据库的丰富和更新,基础空间地理数据、灾害数据和信息的采集等(叶朝俐,2007)。在信息管理子系统中,在放大、缩小、移动、测量距离、添加/更新/删除图层、编辑或修改图层等的同时,还可以进行动态预测,显示动画效果,更加生动直观。属性数据也可以及时更新,添加最新数据,生成图表显示。

2. 水量预测子系统

水量预测子系统功能不仅包括可预测用水量和需水量,还可以预测暴雨、干旱等紧急情况下水量的变化。根据2010~2017年岷江上游流域降水、地表水、地下水及工业、农业、城市用水统计资料,分别建立可用水量分析模型和需水量预测模型,并对分析模型进行持续修正。针对汛期、枯水期水量变化等特殊情况,建立一个特殊的模型,利用该模型对可利用水量进行分析和预测,最后输出结果并显示相应的图表。

3. 水资源调配子系统

岷江上游流域受气候变化等因素影响,土地荒漠化严重,同时,风蚀、水蚀和冻融侵蚀引起的土壤侵蚀也越来越严重。水资源调配子系统主要根据实际情况完成水资源配置辅助方案的制定,并根据不同地区的情况作出相应的决策。

4. 防汛抗旱子系统

通过对防汛抗旱子系统多年旱涝资料的查询和整理,绘制灾情分布图,并进行相关评价。防汛抗旱子系统增加了高程信息,用于汛期、枯水期、冰湖溃决的动态模拟分析,预测灾情中的人员伤亡和经济损失,协助决策者制定相应的补救方案,将损失降到最低。

10.2　岷江上游流域生态模型构建

10.2.1　流域模型创建

从流域角度看,动力水文模型应呈多层平面立体结构,如图 10-1 所示。最上层为面雨量分布层;第二层为地表林冠层,依据地表的植被覆盖情况,分析林冠截留雨量、蒸腾蒸发水量等;第三层为流域地面汇流层,依据地形、河网、湿地、水库、坑塘分布情况,分析坡面产流、地表水的蓄变量等;第四层为浅层地下水层,依据流域内地层岩土结构,分析坡面水入渗、地下水潜流、潜水蓄存等。在水势、风势、气压、日照、温度等流场作用下各层水分子相互转化(傅长锋,2012)。

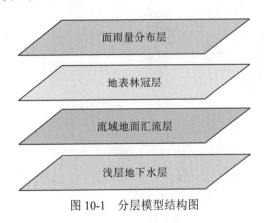

图 10-1　分层模型结构图

10.2.2　模型单元剖分

根据流域尺度大小和模型计算精度要求,将整个流域剖分成 $L\text{km} \times L\text{km}$ 的网格(L 通常取 $1 \sim 10$),模型以网格为计算单元,流域边界与河流穿过的单元将进一步剖分为不规则加密单元,单元每一边为通道,河道以通道连接成河流网络,通道两端的结点为河段间的断面。

10.2.3　流域河网编码

模型中将没有出流和汇流的河流称为河道,河道以出现顺序编码,河道的交汇点称为岔口。每条河道可以划分为数个河段,河段的衔接处为过流断面,河段以出现顺序编码。河道上游岔口只有 1 条河道为 1 级编码河道,1 级编码河道的上游没有河流汇入,1 级编码河道的下游汇入岔口,岔口中上游河道的级别编码为岔口中下游河道级别编码最大值加 1,即岔口上游河道的级别编码总要大于同一岔口下游河道级别编码,并为岔口河道级别编码的最大值。对每一岔口而言,岔口中上游河道级别编码总要等该岔口中下游河道级别编码完成后进行编码,依次类推,直至河道下游岔口中只有 1 条河道,即为这一水系的出流边界,依次完成各水系的河网级别编码。岷江上游流域河网分级详见图 10-2。

图 10-2 岷江上游流域河网分级示意图

10.2.4 模型地形处理

通过地形图采集模型的地形信息，模型的计算精度取决于地形图的精度，地形图的比例尺越大，则计算精度越高，计算工作量也越大；反之地形图的比例尺越小，则计算精度越低，计算工作量也越小。

地形插值采用面积乘积法，公式为

$$f = \frac{\sum_{i=1}^{n} f_i \prod_{\substack{i \in S_j \\ i \in S_k}} S_j S_k}{\sum_{i=1}^{n} \prod_{\substack{i \in S_j \\ i \in S_k}} S_j S_k} \tag{10-1}$$

式中，f 为待插值点；f_i 为已知点；S_j、S_k 为以待插值点为顶点的三角形面积。

10.2.5　模型植被提取

通过在谷歌地球(Google Earth)上获取的地理信息，在 ArcGIS 软件系统上进行绘制表达，以岷江上游流域范围为边界，在综合分析地表植被信息的基础上通过空间分析模块，为不同植被信息赋值(0-1)，再通过重分类的方法进行图示化表达，绘制岷江上游流域地表植被信息等值线图像，如图 10-3 所示。

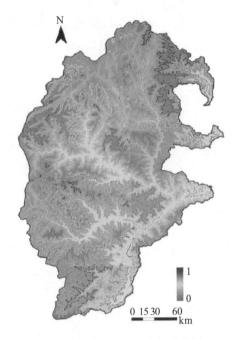

图 10-3　地表植被信息等值线图

10.2.6　模型单元信息的识别

1. 降雨信息

在过去半个世纪，岷江上游流域年降雨呈现丰枯交替的变化，且具有下降的趋势，但下降趋势不明显。整个岷江上游流域最大年降水量出现在 1992 年，为 892.12mm，最小年降水量出现在 2002 年，为 559.09mm。由各时段的年代均值对比分析可知，从 20 世纪 60 年代中期至 90 年代中期，年代均值呈阶梯上升，到 20 世纪 90 年代中期达到最大；20 世纪 50 年代中期至 60 年代中期和 20 世纪 70 年代中期至 90 年代中期，年代均值均处于降雨均值以上，20 世纪 60 年代中期至 70 年代中期，年代均值处于降雨均值以下；20 世纪 90 年代中期以后年代均值呈下降趋势且处于降雨均值以下；20 世纪 90 年代后期至今，年降水量下降趋势逐步明显。

2. 人口分布信息

将市/县、村庄定位在模型单元上，将城市人口分配在市/县单元上，农村人口分配在村庄单元上,对多单元市/县、村庄采用距离加权和控制面积加权的方法,将市/县、村庄人口分配到各单元网格上。

$$p_j = \frac{1}{2}\left[\frac{c_j}{(n-1)c} + \frac{s_j}{s}\right]p \qquad (10\text{-}2)$$

式中,p_j 为第 j 号单元人口分布情况;$c_j = \sum_{j=1}^{n} r_j$,r_j 为第 j 号单元距离行政中心的网格数;n 为市/县、村庄内的单元总数;s_j 为第 j 号单元的控制面积;s 为总控制面积;c 为距离加权系数;p 为变量对应的系数(此处 p_j 为定性的情况,而 p 是定量的人口数字,模型计算结果是反映出第 j 号单元的相对综合人口分布情况)。

3. 社会经济

社会经济资料主要包括三个方面:人口构成和分布,工业产值和分布,农业耕地、作物种类和分布。人口构成主要划分为城市人口和农村人口,分布范围为市区和村庄;工业产值划分为产品工业和服务行业,分布范围为市区和乡镇;农业耕地划分为灌溉耕地、雨养耕地和林木草地,耕地中的作物主要考虑小麦、玉米、豆类、油料、薯类、棉花、蔬菜七类,分布范围为除城市、乡镇、水域范围之外的土地。

4. 资料处理方式

在模型建立过程中资料处理主要分为空间资料分布处理、时间资料分布处理和时空资料分布处理。对不随时间变化而随空间变化的资料采用定单元分布法和区域单元分布法。定单元分布法是指,将已知定点位置的资料分配给单元网格,如水库、城市、湿地、河道等;区域单元分布法是指,已知资料的分布区域为不完全覆盖单元网格的弥散型分布,利用单元面积与区域面积等于资料单元面积与资料面积比例的关系分配资料所占据的空间,如农业耕地中的作物种植面积、市区人口分布、农村村庄的人口分布、坑塘分布等。对不随空间变化而随时间变化的资料采用计算时间步长插值的方法确定随时间变化的过程,如河口的出流过程、引水的输入过程等。对既随空间变化又随时间变化的资料采用时间系列插值后的空间插值确定逐时变化过程,如雨量、日照、风速、温度等。对模型计算的前期数据进行整编后,形成流域社会经济信息、气象水文信息、地质植被信息、水利环境信息和计算辅助信息的数据文件。

5. 模型结构

模型以点、线、面建立空间联系,点称为结点,线称为通道,面称为单元。通道两端是结点,单元的周边是通道,地下单元与地表单元一致。地面、水库、湿地以单元汇集形式构成,单元内有各种分布信息,单元间可进行物理量的交换。河道以通道形式连接,河宽占据一定单元面积,河道岔口连接多条通道,水库与河道为线面连接。

第 11 章　岷江上游流域生态综合规划干预

11.1　岷江上游流域水功能区生态规划

11.1.1　水功能区规划目的和原则

水功能区是指根据流域综合规划、水资源和水生态系统保护以及经济社会发展的要求，按照其主导功能和相应的水环境质量标准来确定，以满足合理用水需求的水资源的开发利用、保护现状的区域。通过划分水功能区，严格水污染能力核定，提出限制排污总量的建议，为建立水功能区污染限值体系提供重要的技术支持，划定水功能区污染限值红线，有利于合理制定水资源开发利用和保护政策，调控开发强度，优化空间布局，引导经济布局。

根据水资源自然条件和属性，按照《水功能区划分标准》(GB/T 50594—2010) 的要求，结合岷江上游流域的实际情况，确定岷江上游流域水功能区划原则为以下五点。

(1) 人水和谐、可持续发展和维护河流健康的原则。岷江上游流域水功能区划应结合阿坝藏族羌族自治州水资源综合规划及社会经济发展规划，根据水资源可再生能力和自然环境承载能力，合理划定水资源开发利用区域，保护当代和后代赖以生存的水环境，保障人体健康及生态环境结构和功能，维护河流健康，促进社会经济和生态环境协调发展。

(2) 统筹兼顾和突出重点相结合的原则。水功能区划将水系作为统一整体考虑，分析河流上下游、左右岸、行政区域间，水库湖泊近、远期水资源保护目标与社会经济发展需求。坚持水资源开发利用与保护并重原则，统筹兼顾流域、区域水资源综合开发利用和国民经济发展规划。上游水功能区划要考虑保障下游水功能要求，支流水功能区划要考虑保障干流水功能要求，当前水功能区划不能影响远期水域开发，不同水资源开发利用功能要求不同水质标准。其中，以城镇集中饮用水水源地、江河源头、自然保护区、珍稀鱼类保护区、鱼虾产卵场等为优先保护对象。对于渔业用水、农业用水、工业用水等专业用水实行统筹安排，分别执行专业用水标准。

(3) 以水域规划主导使用功能为主，综合考虑现状使用功能和超前使用功能的原则。水功能区划应以水资源开发利用规划中确定的水资源主导使用功能为主，在人类活动和经济技术发展对水域功能未提出新要求之前，应保持现状。同时水功能区划成果要体现社会发展超前意识，结合未来社会发展需求，引入本领域和相关领域最新研究成果，为将来引进高新技术产业和社会发展留有余地。

(4) 结合水资源综合规划，水量与水质并重的原则。水质和水量是水资源的重要属性，水功能区划中水质与水量密切相关，进行水功能区划时应将水质和水量统一考虑，是水资源开发与保护辩证统一关系的体现。进行水功能区划分时，既要考虑水资源开发利用对水量的需求，又要考虑分区类型对水质的要求。对水量水质要求不明确，或仅对水量有要求的功能区，如航运、发电及仅有排水功能的水域不予单独区划。

(5)便于管理，实用可行的原则。水功能区划方案要切实可行，其区划界线尽可能与行政区界线一致，以便于行政管理，使水环境保护和改善措施得以贯彻落实，也便于日常行政监督管理。

11.1.2　水功能区规划的范围

本书水功能区划范围涵盖岷江上游流域内主要水域，具体区划范围为流域内集水面积在 500km² 以上的河流(已经进行省以上区划的除外)和重要水源地所在河流，共 12 条河流(表 11-1)。

表 11-1　岷江上游流域开展水功能区划的河流名单

序号	河流名称	主要流经地区
1	小黑水	松潘县、黑水县
2	赤不苏河	茂县、黑水县
3	草坡河	汶川县
4	寿溪河	汶川县
5	打古河	黑水县
6	漳腊河	松潘县
7	松坪沟	茂县
8	梭罗沟	理县
9	孟屯沟	理县
10	正河沟	汶川县
11	德石窝沟	黑水县
12	打色尔沟	理县

11.1.3　水功能区划分类型体系

根据《水功能区划分标准》(GB/T 50594—2010)，水功能区的划分采用两级体系，即一级区划和二级区划。一级区划在宏观上调整水资源开发利用与保护的关系，协调地区间关系，同时考虑可持续发展的需求；二级区划主要确定水域功能类型及功能排序，协调不同用水行业间的关系。

一级区划分四类，即保护区、保留区、开发利用区和缓冲区。二级区划将一级区划中的开发利用区具体划分为七类，即饮用水源区、工业用水区、农业用水区、渔业用水区、景观娱乐用水区、过渡区和排污控制区。水功能区划分级分类系统如图 11-1 所示。

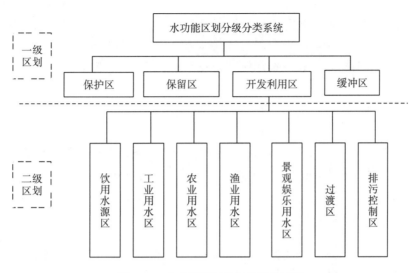

图 11-1　水功能区划分级分类体系图

1. 一级区划定义及指标

1) 保护区

保护区指对水资源保护、自然生态系统及珍稀濒危物种的保护具有重要意义，需划定范围进行保护的水域。该区内严格禁止进行破坏水质的开发利用活动，且不能进行二级区划。保护区划分可分为三类：①河流源头保护区，指以保护水资源为目的，在重要河流源头河段划出的专门保护区域；②自然保护区，指国家级和省级自然保护区、国际重要湿地及重要国家级水产资源保护区范围内的水域，或具有典型生态保护意义的自然生境内的水域；③调水水源保护区，指跨流域或跨省及省内特大型调水工程的水源地及输水线路。

功能区划指标：集水面积、水量、调水量、保护级别等。

功能区水质管理标准：原则上应符合《地表水环境质量标准》(GB 3838—2002)中的Ⅰ类或Ⅱ类水质标准；当由于自然、地质原因不满足Ⅰ类或Ⅱ类水质标准时，应维持现状。

2) 保留区

保留区指目前开发利用程度不高，水质较好，为今后开发利用和保护水资源而预留的水域。该区内应维持现状水质不遭破坏，并按照河道管理权限，未经相应水行政主管部门批准，不得在保留区内进行大规模水资源开发利用活动。保留区划分标准应满足下列条件：①受人类活动影响较小，水资源开发利用程度低的水域；②目前不具备开发利用条件的水域；③考虑可持续发展需要，为今后社会经济发展预留的水资源区。

功能区划指标：产值、人口、用水量、水域水质等。

功能区水质管理标准：应不低于《地表水环境质量标准》(GB 3838—2002)规定的Ⅲ类水质标准或按现状水质类别控制。

3) 开发利用区

开发利用区指具有满足工农业生产、城镇生活、渔业和娱乐等多种需水要求的水域，该区内具体开发利用活动必须服从二级区划功能分区的要求。该区划分条件为取水口较集中、取水量大，如重要城市河段、具有一定灌溉规模和渔业用水要求的水域。在开发利用区中必须注意节约水资源，加强对水资源质量的保护。

功能区划指标：产值、人口、用水量、排污量、水域水质等。

功能区水质管理标准：按二级功能区划分别执行相应水质标准。

4) 缓冲区

缓冲区指为协调省际、用水矛盾突出的地区间用水关系，以及在保护区与开发利用区相接时，为满足保护区水质要求而划定的水域。

功能区划指标：省界断面水域和用水矛盾突出的水域范围、水质、水量状况等。

功能区水质管理标准：按上下游水功能区要求及本区内实际需要执行相关水质标准或按现状水质控制。

2. 二级区划定义及指标

二级区划仅在一级区划中的开发利用区进行，二级功能区包括饮用水源区、工业用水区、农业用水区、渔业用水区、景观娱乐用水区、过渡区和排污控制区。

1) 饮用水源区

饮用水源区指满足城镇居民生活及公共服务(如政府机关、企事业单位、医院、学校、餐饮业、旅游业等)用水需求的水域，其划分条件是已有或规划的城镇生活用水取水口较集中的水域，且取水量符合取水许可管理有关规定。

功能区划指标：人口、取水总量、取水口分布等。

功能区水质管理标准：应符合《地表水环境质量标准》(GB 3838—2002)中Ⅱ、Ⅲ类水质标准，经各级人民政府批准的饮用水水源一级保护区执行Ⅱ类标准。

2) 工业用水区

工业用水区指满足城镇工业用水需求并达到一定规模的水域，其划分条件是现有工业用水取水口分布较集中的水域，或在规划水平年内需设置的工业用水取水水域。

功能区划指标：工业产值、取水总量、取水口分布等。

功能区水质管理标准：执行《地表水环境质量标准》(GB 3838—2002)中Ⅳ类水质标准。现状水质优于Ⅳ类的，按现状水质类别控制。

3) 农业用水区

农业用水区指满足农业灌溉用水需要的水域。其划分条件为现有农业灌溉用水取水口分布较集中的水域，或规划水平年内需设置的农业灌溉用水取水水域。

功能区划指标：灌溉面积、取水总量、取水口分布等。

功能区水质管理标准：应符合《农田灌溉水质标准》(GB 5084—2021)的规定；也可按《地表水环境质量标准》(GB 3838—2002)中Ⅴ类水质标准确定，现状水质优于Ⅴ类的，则按现状水质类别控制。

4) 景观娱乐用水区

景观娱乐用水区指以满足景观、疗养、度假和娱乐需求为目的的江河湖库水域。其划分条件为风景名胜区所涉及的水域和度假、娱乐、运动场所涉及的水域。

功能区划指标：景观娱乐功能需求、水域规模等。

功能区水质管理标准：执行《地表水环境质量标准》(GB 3838—2002)相应的水质标准。

5) 渔业用水区

渔业用水区指为水生生物自然繁育以及水产养殖而划定的水域。其划分条件为天然的或天然水域中人工营造的水生生物养殖用水水域，天然水生生物重要产卵场、索饵场、越冬场及主要洄游通道涉及的水域或为水生生物养护、生态修复而划分的增值水域。

功能区划指标：水生生物物种、资源量及水产养殖产量、产值等。

功能区水质管理标准：水质标准应符合《渔业水质标准》(GB 11607—89)的规定。

6) 过渡区

过渡区指为满足水质目标有较大差异的相邻水功能区间水质要求而划定的过渡衔接水域。其划分条件为下游水质要求高于上游水质相邻功能区之间的水域；有双向水流，且水质要求不同的相邻功能区之间的水域。

功能区划指标：水质与水量。

功能区水质管理标准：按出流断面水质达到相邻功能区水质目标选择相应的控制标准。

7) 排污控制区

排污控制区指生产、生活废污水排污口比较集中，且所接纳的废污水不对下游水环境保护目标产生重大不利影响的水域。其划分条件为接纳废污水中污染物为可稀释降解的，水域稀释自净能力较强，其水文、生态特性适宜作为排污区。

功能区划指标：排污量、排污口分布。

功能区水质管理标准：按其出流断面水质状况达到相邻水功能区水质控制标准确定。

11.1.4　水功能区划的方法及思路

1. 水功能区划的方法

1) 一级水功能区划方法

(1) 资料收集。

根据功能区分类指标要求，按县(区)级行政单元收集流域内有关资料，主要包括以下几个方面。

①基础资料：流域水系，水资源分区情况；流域区域经济社会基础资料，水资源基本状况等。

②划分保护区所需资料：国家级和地方级自然保护区的名称、地点、范围、保护类型、主要保护对象、保护等级和主管部门；河流主要水系长度、水文和水质等基本数据；国家重要水源地和大型调水工程水源地的位置、范围、供水任务、调水规模、输水线路等。

③划分缓冲区所需资料：跨省区河流的取排水量，以及离省(区)界最近的取水口和排污口位置；省际边界河流、湖泊取、排水量；水污染纠纷事件发生地点、起因、解决办法、结果等。

④划分开发利用区和保留区所需资料：区划水域的水质资料、排污资料等；基准年的产值、非农业人口数量、工业及生活取水量、主要水源地的统计资料；规划水平年的产值、非农业人口数量、工业及生活取水量的预测资料、流域水资源利用分区资料；排污情况(包括排污量及集中退水地点)等反映水资源开发利用程度的资料；规划水平年的城镇发展规

划，如城镇的布局、功能定位或城市区域发展的总体规划。

(2) 资料分析与评价。

①保护区：通过保护区资料分析，分别确定涉及区划水域的省级以上(含省级)自然保护区和地(市)级自然保护区。根据主要水系确定需要建立水源保护区的主要河流。

②缓冲区：通过资料分析，确定省际边界水域、跨省水域的具体位置和范围，结合水污染纠纷事件分析，确定行政区之间水污染纠纷突出的水域。

③开发利用区：通过资料分析评价，划分开发利用程度。开发利用程度高低的标准，可通过对产值、非农业人口数量、取水量、排污量等指标的分析测算来确定。每一单项指标确定一个限额，任一单项指标超过限额，均可视为开发利用程度较高，限额以下则为开发利用程度较低。

(3) 功能区划分的步骤。

首先划定保护区，然后划定缓冲区和开发利用区，其余的水域基本可划为保留区，各功能区划分的具体方法如下。

①保护区的划分：自然保护区应按选定的国家和省级自然保护区所涉及的水域范围划定。水源保护区可划在重要河流上游的第一个城镇或第一个水文站以上未受人类开发利用的河段，也可根据区域综合利用规划中划分的源头河段或习惯规定的源头河段划定。跨流域、跨省及省内大型调水工程应将其水域划为保护区。

②缓冲区的划分：跨省水域和省际边界水域可划为缓冲区。省区之间水质要求差异大时，缓冲区范围应较大；省区之间水质要求差异小时，缓冲区范围应较小。

③开发利用区的划分：以现状为基础，考虑发展的需要，将任一单项指标在限额以上的城市涉及的水域中用水较为集中、用水量较大的区域划定为开发利用区(杨芳等，2020)，根据需要其主要退水区也应划入开发利用区。区界的划分应尽量与行政区界或监测断面一致。对于远离城区，水质受开发利用影响较小，仅具有农业用水功能的水域，可不划为开发利用区。

④保留区的划分：除保护区、缓冲区、开发利用区以外，其他开发利用程度不高的水域均可划为保留区。地(县)级自然保护区涉及的水域应划为保留区。

2) 二级水功能区划方法

(1) 收集资料。

①基础资料：开发利用区水域图、水质监测资料。

②划分饮用水源区所需资料：现有城市生活用水取水口的位置、取水能力；规划水平年内新增生活用水的取水地点及规模。

③划分工业用水区所需资料：现有工矿企业生产用水取水口的位置、取水能力、供水对象；规划水平年内新增工业用水的取水地点及规模。

④划分农业用水区所需资料：现有农业灌溉取水口的位置、取水能力、灌溉面积；规划水平年内新增农业灌溉用水的取水地点及规模。

⑤划分渔业用水区所需资料：鱼类重要产卵场、栖息地的位置及范围；水产养殖的位置、范围和规模。

⑥划分景观娱乐用水区所需资料：风景名胜的名称、涉及水域的位置和范围；现有休

闲、度假、娱乐、运动场所的名称、规模，涉及水域的位置、范围。

⑦划分排污控制区所需的资料：现有排污口的位置、排放污水量及主要污染物量；规划水平年内排污口位置的变化情况。

⑧划分过渡区所需的资料：可利用以上收集的资料。

(2)资料分析与评价。

①水质评价：根据开发利用区水质监测资料，按《地表水环境质量标准》(GB 3838—2002)对水质现状进行评价，部分特殊指标应参照有关标准进行评价。

②取排水口资料分析与评价：根据统计资料和规划资料，结合当地水利部门取水许可实施细则规定的取水限额标准，确定开发利用区内主要的生活、工业和农业取水口及污水排放口，并在地理底图中标明其位置。对于零星分散的取水口，应根据其取水量在当地同类取水口取水总量中所占比重等因素评价其重要性。

③渔业用水区资料分析：根据资料分析，找出鱼类重要产卵场、栖息地和重要的水产养殖场，并在地理底图中标明其位置。

④景观娱乐用水区资料分析：根据资料分析，确定当地重要的风景名胜、度假、娱乐和运动场所涉及的水域，并在地理底图中标明其位置。

(3)划分规定。

①饮用水源区的划分：根据已建生活取水口的布局状况，结合规划水平年内生活用水发展需求，尽量选择开发利用区上段或受开发利用影响较小的水域，以及生活取水口设置相对集中的水域(金睿，2019)。在划分饮用水源区时，应将取水口附近的水源保护区涉及的水域一并划入。对于零星分布的一般生活取水口，可不单独划分为饮用水源区，但对特别重要的取水口则应根据需要单独划区。

②工、农业用水区的划分：应根据工、农业取水口的分布现状，结合规划水平年内工、农业用水发展需求，将工业取水口和农业取水口较为集中的水域划为工业用水区和农业用水区。

③排污控制区的划分：对于排污口较集中，且位于开发利用区下段或其他用水影响不大的水域，可根据需要划分为排污控制区。对排污控制区的设置应从严控制，分区范围不宜过大。

④渔业用水和景观娱乐用水区的划分：根据现状实际涉及的水域范围，结合发展规划要求划分相应的用水区。

⑤过渡区的划分：根据两个相邻功能区的用水要求确定过渡区。低功能区对高功能区的水质影响较大时，以能恢复到高功能区水质标准要求来确定过渡区。具体范围可根据实际情况确定，必要时可按目标水域纳污能力计算确定。为减小开发利用区对下游水质的影响，根据需要，可在开发利用区的末端设置过渡区。

2. 水功能区划的思路

通过对区划范围内河流、水库信息的收集，河流、水库现状水质的监测，水文资料的分析和水质现状的评价，对其进行水功能区划。

(1)资料收集：全面收集区划范围内河流水库资料，对其水文水资源状况、水质现状、污染源、社会经济指标、取排水口进行调查分析，为水功能区划的后续工作提供基础性资料。

(2) 数据整合：将采集回来的资料进行录入、分类整理，建立相应的数据系统，并明确资料的采集人及经手人，确保资料准确合理，同时，为资料的查找和使用提供便捷。

(3) 数据复核：部分抽查或全部复核整合好的数据成果，确保数据处理过程科学合理、准确无误，使水功能区划报告成为一份经得起推敲的科学资料。

(4) 资料分析评价：根据《水功能区划分标准》(GB/T 50594—2010)的要求，调用区划所需的各项数据，对河流水库的基本情况进行分析，并作出初步评价。

11.1.5　岷江上游流域水功能区划

根据《国务院关于全国重要江河湖泊水功能区划(2011—2030年)的批复》及《四川省水资源综合规划》相关资料，对岷江上游流域水功能区进行划分，岷江上游流域已有的一级水功能区划分和二级水功能区划分分别见表11-2和表11-3。

表11-2　岷江上游流域已有的一级水功能区划分

序号	一级水功能区名称	水系	河流、湖库	范围		长度/km	水质目标	类型
				起始断面	终止断面			
1	岷江松潘源头水保护区	岷江	岷江	源头	川主寺	45	II	保护区
2	岷江松潘保留区	岷江	岷江	川主寺	下泥巴	33	II	保留区
3	岷江松潘开发利用区	岷江	岷江	下泥巴	西宁关	6.5	II～III	工业用水区
4	岷江松潘、茂县保留区	岷江	岷江	西宁关	大河坝	77	II～III	保留区
5	岷江茂县开发利用区	岷江	岷江	大河坝	牟托	27	II～III	工业用水区
6	岷江茂县、汶川保留区	岷江	岷江	牟托	映秀湾水库坝址	68	II～III	保留区
7	岷江紫坪铺水库保留区	岷江	岷江	映秀湾水库坝址	紫坪铺水库坝址	41.5	II～III	保留区
8	黑水河黑水源头水保护区	岷江	黑水河	源头	双溜索	156	II	保护区
9	黑水河黑水保留区	岷江	黑水河	双溜索	入岷江口	51	II	保留区
10	杂谷脑河源头水保护区	岷江	杂谷脑河	源头	大浪坝	30	II	保护区
11	杂谷脑河米亚罗自然保护区	岷江	杂谷脑河	大浪坝	米亚罗镇	9	II	保护区
12	杂谷脑河理县、汶川保留区	岷江	杂谷脑河	米亚罗镇	入岷江河口	117	II	保留区
13	小姓沟源头水保护区	岷江	小姓沟	河源	红土	90.0	II	保护区
14	小姓沟松潘保留区	岷江	小姓沟	红土	河口	35.0	II	保留区
15	大黑水源头水保护区	岷江	大黑水	河源	黑水	50.0	II	保护区
16	大黑水黑水保留区	岷江	大黑水	黑水	河口	30.0	II	保留区
17	渔子溪源头水保护区	岷江	渔子溪	河源	卧龙镇	39.0	II	保护区
18	渔子溪卧龙自然保护区	岷江	渔子溪	卧龙镇	耿达	20.0	II	保护区
19	渔子溪汶川保留区	岷江	渔子溪	耿达	河口	30.0	II	保留区

表 11-3　岷江上游流域已有的二级水功能区划分

序号	二级水功能区名称	所在一级水功能区名称	水系	河流、湖库	范围		长度/km	水质目标
					起始断面	终止断面		
1	岷江松潘工业用水区	岷江松潘开发利用区	岷江	岷江	下泥巴	西宁关	6.5	Ⅱ～Ⅲ
2	岷江茂县工业用水区	岷江茂县开发利用区	岷江	岷江	大河坝	牟托	27	Ⅱ～Ⅲ

11.1.6　岷江上游流域水功能区调查情况

岷江上游流域县级以上水源地情况详见表 11-4，拟划水功能区河流排污口分布情况见表 11-5，区划河流水域使用功能见表 11-6，拟划水功能区河流水质监测评价成果见表 11-7。

表 11-4　岷江上游流域县级以上水源地情况

序号	河流名称	水源地名称	所在县/区	取水口位置		供水人口/万人	设计供水规模/(万 m³/a)	2016 年供水量/(万 m³/a)	取水单位名称
				东经	北纬				
1	岷江	汶川县威州镇三官庙水源地	汶川县	103°35′52.1″	31°28′49.7″	2.80	365	180	汶川县春泉自来水厂
2	打色尔沟	理县打色尔沟水源地	理县	103°05′57.9″	31°26′52.7″	0.30	129.6	129.6	理县自来水一厂
3	胆杂木沟	理县胆杂木沟水源地	理县	103°14′21.9″	31°24′47.5″	0.50	198	198	理县自来水二厂
4	岷江	茂县县城岷江饮用水水源地	茂县	103°50′48.6″	31°41′22.1″	4.00	432	432	茂县自来水厂
5	漳腊河	松潘县川主寺镇漳腊河水源地	松潘县	103°38′41.7″	32°48′20.8″	1.60	365	159	川主寺漳金四村自来水厂
6	漳腊河	松潘县第二自来水厂饮用水水源地	松潘县	103°38′52.0″	32°50′19.2″	4.00	730	400	松潘县第二自来水厂
7	德石窝沟	黑水县哈姆湖水源地	黑水县	102°58′57.0″	32°03′03.0″	1.00	109.5	98.55	黑水县自来水一厂
8	谷汝沟	黑水县芦花镇谷汝村谷汝沟水源地	黑水县	102°58′36.99″	32°7′14.20″	1.00	255.5	98.55	黑水县自来水二厂

表 11-5　拟划水功能区河流排污口分布情况

入河排污口名称	河流名称	入河排污口类型	入河排污口规模	2016 年废污水入河量/万 t
阿坝师范学院污水处理厂入河排污口	寿溪河	市政生活入河排污口	规模以上	14.5
三江镇河坝村入河排污口	寿溪河	市政生活入河排污口	规模以下	8
三江镇草坪村入河排污口	寿溪河	市政生活入河排污口	规模以下	2.4
三江镇龙竹村入河排污口	寿溪河	市政生活入河排污口	规模以下	1
三江镇街村入河排污口	寿溪河	市政生活入河排污口	规模以下	8
川西瓷业有限公司入河排污口	寿溪河	工业(企业)入河排污口	规模以下	9
四川鑫通新材料有限责任公司入河排污口	寿溪河	工业(企业)入河排污口	规模以下	0.3

入河排污口名称	河流名称	入河排污口类型	入河排污口规模	2016年废污水入河量/万t
茂县氯酸盐厂入河排污口	赤不苏河	工业(企业)入河排污口	规模以上	21.46
原松坪沟乡白蜡寨村入河排污口	松坪沟	生活污水入河排污口	规模以下	0.91
原松坪沟乡入河排污口	松坪沟	生活污水入河排污口	规模以下	1.87
雅都乡赤不寨村入河排污口	赤不苏河	生活污水入河排污口	规模以下	3.64
雅都乡入河排污口	赤不苏河	生活污水入河排污口	规模以下	0.61
芦花镇哈姆湖方向集镇点入河排污口	德石窝沟	生活污水入河排污口	规模以下	5.67

表 11-6　区划河流水域使用功能

序号	河流名称	水域使用功能
1	小黑水	以城乡供水为主,共有取水口14个,供水人口约为4200人,年取水量约15万m³
2	赤不苏河	以农业灌溉、城乡供水为主,共有取水口25个,供水人口10000余人,灌溉面积7200余亩,年最大取水量约137万m³。设有排污口3个,年废污水排放量约26万t
3	草坡河	以农业灌溉、城乡供水为主,共有取水口14个,供水人口3500余人,灌溉面积1600余亩,年最大取水量约44万m³
4	寿溪河	以城乡供水为主,共有取水口78个,供水人口14000余人,年最大取水量约93万m³,设有排污口9个,年废污水排放量43万t
5	打古河	以城乡供水为主,共有取水口1个,供水人口420余人,年最大取水量约1.5万m³
6	德石窝沟	以城乡供水为主,共有取水口3个,供水人口1200余人,年最大取水量约4.5万m³。设有排污口1个,年废污水排放量5.7万t
7	漳腊河	以城乡供水为主,共有取水口10个,供水人口3000余人,年最大取水量约11万m³
8	松坪沟	以城乡供水为主,共有取水口5个,供水人口1300余人,年最大取水量约7万m³。设有排污口2个,年废污水排放量2.8万t
9	打色尔沟	以农业灌溉、城乡供水为主,共有取水口6个,供水人口2000余人,灌溉面积800余亩,年最大取水量约46万m³
10	梭罗沟	以农业灌溉、城乡供水为主,共有取水口5个,供水人口1400余人,灌溉面积1300余亩,年最大取水量约17万m³
11	孟屯沟	以农业灌溉、城乡供水为主,共有取水口17个,供水人口5300余人,灌溉面积2700余亩,年最大取水量约91万m³
12	正河	以城乡供水为主,共有取水口1个,供水人口100余人,年最大取水量约1.2万m³

表 11-7　拟划水功能区河流水质监测评价成果表

序号	河名	水功能区名称	长度/km	水质类别	水质目标
1	措朗沟	措朗沟金川、丹巴源头水保护区	42.1	III	III
2	措朗沟	措朗沟丹巴保留区	22.9	III	III
3	小黑水	小黑水松潘、黑水源头水保护区	42.8	III	III
4	小黑水	小黑水黑水保留区	27.2	III	III
5	赤不苏河	赤不苏河茂县源头水保护区	36.5	III	III
6	赤不苏河	赤不苏河茂县保留区	20.5	III	III
7	草坡河	草坡河汶川草坡自然保护区	41.0	III	III

续表

序号	河名	水功能区名称	长度/km	水质类别	水质目标
8	寿溪河	寿溪河汶川源头水保护区	34.9	II	II
9	寿溪河	寿溪河汶川保留区	11.5	III	III
10	寿溪河	寿溪河水磨工业、景观用水区	12.6	III	III
11	打古河	打古河黑水源头水保护区	27.7	III	III
12	打古河	打古河黑水保留区	23.3	III	III
13	德石窝沟	德石窝沟黑水源头水保护区	30	II	II
14	德石窝沟	德石窝沟黑水饮用、景观用水区	30	II	II
15	漳腊河	漳腊河松潘保留区	29.0	III	III
16	漳腊河	漳腊河松潘川主寺饮用水源区	15.0	III	III
17	松坪沟	松坪沟茂县源头水保护区	20.5	III	III
18	松坪沟	松坪沟茂县保留区	20.5	III	III
19	打色尔沟	打色尔沟理县饮用水源保护区	13.3	II	II
20	打色尔沟	打色尔沟理县保留区	7.7	II	II
21	梭罗沟	梭罗沟理县源头水保护区	21.1	III	III
22	梭罗沟	梭罗沟理县保留区	19.9	III	III
23	孟屯沟	孟屯沟理县源头水保护区	36.3	III	III
24	孟屯沟	孟屯沟理县保留区	25.7	III	III
25	正河	正河汶川源头水保护区	18.1	III	III
26	正河	正河汶川保留区	24.9	III	III

11.1.7　水功能区划分

本书水功能区划范围为：全流域面积 500km² 以上河流和流域内流域面积虽不足 500km² 但属县级以上饮用水水源地流域面积 50km² 以上河流，共区划河流 13 条。

1. 小黑水

区划依据：此河段 2017 年有取水口 14 个、排污口 1 个，但取水总量仅为 15 万 m³/a，污水排放量 6900m³/a，总体上水资源开发利用程度很低。该河段可作为今后发展的预留水域。

该河段 2017 年水质为《地表水环境质量标准》(GB 3838—2002)III 类，水质管理目标执行 III 类标准(表 11-8)。

表 11-8　小黑水水功能区划成果表

一级水功能区名称	河流	范围		长度/km	现状水质	水质目标
		起始断面	终止断面			
小黑水松潘、黑水源头水保护区	小黑水	河源	卡龙镇	42.8	III	III
小黑水黑水保留区	小黑水	卡龙镇	入岷江西源口	27.2	III	III

2. 赤不苏河

区划依据：此河段 2017 年有 25 个取水口、3 个排污口、工业企业 1 个，但取水量和排污量均较小，水资源开发利用程度较低。该河段可作为今后发展的预留水域。

该河段 2017 年水质为《地表水环境质量标准》（GB 3838—2002）Ⅲ类，水质管理目标执行Ⅲ类标准（表 11-9）。

表 11-9　赤不苏河水功能区划成果表

一级水功能区名称	河流	范围		长度/km	现状水质	水质目标
		起始断面	终止断面			
赤不苏河茂县源头水保护区	赤不苏河	河源	维城乡	36.5	Ⅲ	Ⅲ
赤不苏河茂县保留区	赤不苏河	维城乡	入岷江西源口	20.5	Ⅲ	Ⅲ

3. 草坡河

区划依据：此河流全部流域均位于四川草坡省级自然保护区内。

该河段 2017 年水质为《地表水环境质量标准》（GB 3838—2002）Ⅱ类，水质管理目标执行Ⅱ类标准（表 11-10）。

表 11-10　草坡河水功能区划成果表

一级水功能区名称	河流	范围		长度/km	现状水质	水质目标
		起始断面	终止断面			
草坡河汶川草坡自然保护区	草坡河	河源	入岷江口	41.0	Ⅱ	Ⅱ

4. 寿溪河

区划依据：此河段有汶川县三江镇水磨镇，其中水磨镇为汶川县重点打造的旅游小镇，居住人口较多，场镇沿寿溪河两岸发展，河道建有水景观，河道两岸为镇区居民重要的休闲娱乐场所。河段内 2017 年有工业取水口 1 个，年取水量约 245 万 m^3，有村庄农村饮水安全工程取水口近 10 个。水磨镇场镇供水水源为寿溪河支流大岩沟大岩洞，未从寿溪河取水。总体上看，该河段水资源开发利用程度较高，可划为开发利用区。

该河段水质为《地表水环境质量标准》（GB 3838—2002）Ⅲ类，水质管理目标执行Ⅱ类和Ⅲ类标准，见表 11-11。

表 11-11　寿溪河水功能区划成果表

一级水功能区名称	二级水功能区名称	河流	范围		长度/km	现状水质	水质目标
			起始断面	终止断面			
寿溪河汶川源头水保护区	寿溪河水磨工业、景观用水区	寿溪河	河源	三江镇	34.9	Ⅱ	Ⅱ
寿溪河汶川保留区	寿溪河水磨工业、景观用水区	寿溪河	三江镇	水磨镇黑土坡村	11.5	Ⅲ	Ⅲ
寿溪河汶川开发利用区	寿溪河水磨工业、景观用水区	寿溪河	水磨镇黑土坡村	入岷江口	12.6	Ⅲ	Ⅲ

5. 打古河

区划依据：此河段 2017 年仅有一个农村小型集中式供水工程取水口，无排水口和工业企业分布，水资源开发利用程度很低。该河段可作为今后发展预留的水域。

该河段 2017 年水质为《地表水环境质量标准》（GB 3838—2002）Ⅲ类，水质管理目标执行Ⅲ类标准（表 11-12）。

表 11-12　打古河水功能区划成果表

一级水功能区名称	河流	范围		长度/km	现状水质	水质目标
		起始断面	终止断面			
打古河黑水源头水保护区	打古河	河源	上打古村	27.7	Ⅲ	Ⅲ
打古河黑水保留区	打古河	上打古村	入大黑水口	23.3	Ⅲ	Ⅲ

6. 德石窝沟

区划依据：此河段位于河流下游，现有黑水县县城饮用水取水口和农村饮水安全工程取水口，河口段位于黑水县城，是黑水县城居民的重要休闲娱乐场所，该河段水资源开发利用程度略高。

该河段 2017 年水质为《地表水环境质量标准》（GB 3838—2002）Ⅱ类，水质管理目标执行Ⅱ类标准（表 11-13）。

表 11-13　德石窝沟水功能区划成果表

一级水功能区名称	二级水功能区名称	河流	范围		长度/km	现状水质	水质目标
			起始断面	终止断面			
德石窝沟黑水源头水保护区		德石窝沟	河源	八家寨	30	Ⅱ	Ⅱ
德石窝沟黑水开发利用区	德石窝沟黑水饮用、景观用水区	德石窝沟	八家寨	入大黑水口	30	Ⅱ	Ⅱ

7. 漳腊河

区划依据：此河段位于河流下游，2017 年有松潘县川主寺镇、九寨黄龙机场、黄龙风景名胜区饮用水取水口和部分农村饮水安全工程取水口，漳腊河川主寺镇区段亦是较多外地游客旅游观光、休闲娱乐之地。

该河段 2017 年水质为《地表水环境质量标准》（GB 3838—2002）Ⅲ类，水质管理目标执行Ⅲ类标准（表 11-14）。

表 11-14　漳腊河水功能区划成果表

一级水功能区名称	二级水功能区名称	河流	范围		长度/km	现状水质	水质目标
			起始断面	终止断面			
漳腊河松潘保留区		漳腊河	河源	安备村	29.0	Ⅲ	Ⅲ
漳腊河松潘开发利用区	漳腊河松潘川主寺饮用水源区	漳腊河	安备村	入岷江北源口	15.0	Ⅲ	Ⅲ

8. 松坪沟

区划依据：此河段沿岸 2017 年仅有 1 个乡镇，有 5 个规模以下农村饮水安全工程取水口，取水量较少，水资源开发利用程度很低。该河段可作为今后发展预留的水域。

该河段 2017 年水质为《地表水环境质量标准》（GB 3838—2002）Ⅲ类，水质管理目标执行Ⅲ类标准（表 11-15）。

表 11-15　松坪沟水功能区划成果表

一级水功能区名称	河流	范围		长度/km	现状水质	水质目标
		起始断面	终止断面			
松坪沟茂县源头水保护区	松坪沟	河源	松坪沟乡	20.5	Ⅲ	Ⅲ
松坪沟茂县保留区	松坪沟	松坪沟乡	入岷江北源口	20.5	Ⅲ	Ⅲ

9. 胆杂木沟

区划依据：此河段 2017 年有 3 个农村饮水安全工程取水口，水资源开发利用程度很低。该河段可作为今后发展的预留水域。

该河段 2017 年水质为《地表水环境质量标准》（GB 3838—2002）Ⅱ类，水质管理目标执行Ⅱ类标准（表 11-16）。

表 11-16　胆杂木沟水功能区划成果表

一级水功能区名称	河流	范围		长度/km	现状水质	水质目标
		起始断面	终止断面			
胆杂木沟理县饮用水源保护区	胆杂木沟	河源	水厂取水口下游 500 米	4.4	Ⅱ	Ⅱ
胆杂木沟理县保留区	胆杂木沟	水厂取水口下游 500 米	入杂谷脑河口	7.6	Ⅱ	Ⅱ

10. 打色尔沟

区划依据：此河段 2017 年有工业取水口 2 个，水资源开发利用程度较低。该河段可作为今后发展的预留水域。

该河段 2017 年水质为《地表水环境质量标准》（GB 3838—2002）Ⅱ类，水质管理目标执行Ⅱ类标准（表 11-17）。

表 11-17　打色尔沟水功能区划成果表

一级水功能区名称	河流	范围		长度/km	现状水质	水质目标
		起始断面	终止断面			
打色尔沟理县饮用水源保护区	打色尔沟	河源	科里寨沟	13.3	Ⅱ	Ⅱ
打色尔沟理县保留区	打色尔沟	科里寨沟	入杂谷脑河口	7.7	Ⅱ	Ⅱ

11. 梭罗沟

区划依据：此河段 2017 年仅有 5 个规模以下取水口，取水量很小，水资源开发利用程度很低。该河段可作为今后发展的预留水域。

该河段 2017 年水质为《地表水环境质量标准》(GB 3838—2002)Ⅲ类，水质管理目标执行Ⅲ类标准(表 11-18)。

表 11-18　梭罗沟水功能区划成果表

一级水功能区名称	河流	范围		长度/km	现状水质	水质目标
		起始断面	终止断面			
梭罗沟理县源头水保护区	梭罗沟	河源	梭罗沟村	21.1	Ⅲ	Ⅲ
梭罗沟理县保留区	梭罗沟	梭罗沟村	入杂谷脑河口	19.9	Ⅲ	Ⅲ

12. 孟屯沟

区划依据：此河段 2017 年有农村饮水安全工程取水口 6 个，下孟乡建有工业园区，但园区规模较小，园区内有四川协鑫硅业科技有限公司和四川长化宏光盐化工有限公司。该河段取水口取水量较小，废污水排放量亦较少，水资源开发利用程度很低。该河段可作为今后发展的预留水域。

该河段 2017 年水质为《地表水环境质量标准》(GB 3838—2002)Ⅲ类，水质管理目标执行Ⅲ类标准(表 11-19)。

表 11-19　孟屯沟水功能区划成果表

一级水功能区名称	河流	范围		长度/km	现状水质	水质目标
		起始断面	终止断面			
孟屯沟理县源头水保护区	孟屯沟	河源	上孟乡	36.3	Ⅲ	Ⅲ
孟屯沟理县保留区	孟屯沟	上孟乡	入杂谷脑河口	25.7	Ⅲ	Ⅲ

13. 正河

区划依据：此河段 2017 年有 1 个取水口，水资源开发利用程度很低。该河段可作为今后发展预留的水域。

该河段 2017 年水质为《地表水环境质量标准》(GB 3838—2002)Ⅲ类，水质管理目标执行Ⅲ类标准(表 11-20)。

表 11-20　正河水功能区划成果表

一级水功能区名称	河流	范围		长度/km	现状水质	水质目标
		起始断面	终止断面			
正河汶川源头水保护区	正河	河源	海子沟汇口	18.1	Ⅲ	Ⅲ
正河汶川保留区	正河	海子沟汇口	入渔子溪口	24.9	Ⅲ	Ⅲ

11.2 岷江上游流域水生态修复规划

11.2.1 水功能区纳污能力

水功能区纳污能力是指在满足水域功能要求的前提下，在给定的水功能区水质目标、设计水量、入河排污口位置及排污方式下，水功能区水体所能容纳的最大污染物量。纳污能力是实施水功能区管理的基本依据。

1. 基本原则

水质达标的保护区和保留区，其纳污能力原则上采用其现状污染物入河量；需要改善水质的保护区和保留区，纳污能力计算方法可参考开发利用区纳污能力计算方法。

缓冲区纳污能力分两种情况处理：水质较好，用水矛盾不突出的缓冲区，采用其现状污染物入河量为纳污能力；水质较差或存在用水水质矛盾的缓冲区，按开发利用区纳污能力计算方法计算。

开发利用区纳污能力根据各二级水功能区的设计条件和水质目标，选择适当的水量水质模型进行计算。对于开发利用区内的饮用水源区，根据饮用水源保护区相关要求，原则上禁止排污，其纳污能力按零处理，限排总量也按零控制。当饮用水源区范围明显大于地方政府划定的水源保护区时，其超出范围的纳污能力计算方法可参考开发利用区纳污能力计算方法，但污染物目标浓度应受到严格控制。

排污控制区因无水质管理目标，其纳污能力根据上、下游水功能区的水质目标确定。纳污能力计算方法执行《水域纳污能力计算规程》（GB/T 25173—2010）的规定。

2. 纳污能力设计条件

1）设计流量或库容的确定

水功能区纳污能力计算的设计条件以计算断面的设计流量（水量）表示。根据《水域纳污能力计算规程》（GB/T 25173—2010），现状条件下，一般采用最近 10 年最枯月平均流量（水量）或 90%保证率最枯月平均流量（水量）作为设计流量（水量）；对于集中式饮用水水源地，采用 95%保证率最枯月平均流量（水量）作为设计流量（水量）；无水文资料的，采用内插法、水量平衡法、类比法等方法推求设计流量。

湖（库）的设计水量一般用近 10 年最低月平均水位或 90%保证率最枯月平均水位相应的蓄水量，根据湖（库）水位资料，求出设计枯水位，其所对应的湖泊（水库）蓄水量即为湖（库）设计水量。

由于设计流量（水量）受江河水文情势和水资源配置的影响，对水量条件变化的水功能区，设计流量（水量）根据水资源配置推荐方案确定。

2）断面设计流速的确定

有资料时，按式（11-1）计算：

$$V = Q/A \qquad (11-1)$$

式中，V 为设计流速；Q 为设计流量；A 为过水断面面积。

无资料时，采用经验公式计算断面设计流速，或通过实测确定，并将实测流速转换为设计条件下的流速。

3. 纳污能力的计算

纳污能力计算选择合适的数学模型，确定模型的参数，包括扩散系数、综合衰减系数等，并对计算成果进行合理性检验。

1) 模型的选择

小型湖泊和水库可视为水功能区内污染物均匀混合，采用零维水质模型计算纳污能力。

对于宽深比不大的中小河流，污染物质在较短的河段内，基本能在断面内均匀混合，断面污染物浓度横向变化不大，采用一维水质模型计算纳污能力。

对所采用的模型都进行检验，模型参数采用经验法和试验法确定，对计算成果进行合理性分析。

2) 初始浓度值 Co 的确定

根据水功能区实测污染物浓度确定 Co；无实测浓度的根据下游污染物浓度确定。

3) 水质目标 Cs 值的确定

各水功能区水质目标的确定是纳污能力计算的基本依据。水功能区水质目标的取值主要以水功能区划确定的水功能区类别为依据。

水质控制指标采用能反映水体污染特征的 COD 和氨氮作为必控指标。COD、氨氮标准值执行《地表水环境质量标准》（GB 3838—2002），详见表 11-21。

表 11-21　COD 和氨氮标准值表　　　　　　　　　　　　　　（单位：mg/L）

项目	I 类	II 类	III 类	IV 类	V 类
COD 浓度≤	15	15	20	30	40
氨氮浓度≤	0.15	0.5	1.0	1.5	2.0

在计算纳污能力时，Cs 取值需要在表 11-21 所示的标准范围内，综合考虑与其相邻的上、下游功能区的相互关系以及功能区重要程度确定，并以不降低现状水质为原则。

4) 综合衰减系数的确定

为简化计算，在水质模型中，将污染物在水环境中的物理降解、化学降解和生物降解概化为综合衰减系数，应对所确定的污染物综合衰减系数进行检验。

11.2.2　污染源排放量和入河量预测

1. 污染物排放量预测

1) 污水量预测

按用水量进行生活污水量和工业污水量预测，由现状年生活或工业用水量与现状年生活和工业废污水排放量可得出污水排放系数；依据规划水平年生活或工业需水量得到规划水平年生活和工业污水排放量。

根据水资源分区预测的年废污水量,分配到所属河流功能区时遵循以下原则:

(1)饮用水源区的预测生活、工业废污水量应小于或等于现状量。

(2)对生活污水的分配首先考虑城市规划污水处理厂建设位置,除污水处理厂规划排放量外,其他水量按照现状排放量比例进行分配;对工业废水,按照现状排放量比例进行分配,对涉及工业园区的部分城市进行适当调整。

(3)对于污水处理厂和工业园区所在的水功能区,规划水平年废污水排放量=污染水处理厂或工业园区的废污水排放量+分配的废水量。

(4)当污水处理厂的废污水处理规模大于等于所在功能区分配的废污水量时,应以污水处理厂的实际处理量作为此功能区的废污水排放量。

2)排放量预测

根据各个功能区分配的生活、工业废污水排放量,结合各个功能区所处的地理位置和废污水处理状况,规划水平年氨氮、COD 排放量的计算如下。

(1)生活废水污染物排放量。

生活废水污染物排放量=生活废水排放量×生活废水中污染物的浓度建议值;对于规划水平年拟建污水处理厂的地区,生活废水污染物排放量=生活废水未处理量×生活废水中污染物的浓度建议值+生活废水处理量×处理后的浓度值。

(2)工业废水污染物排放量。

工业废水污染物排放量=工业废水排放量×工业废水中污染物的浓度建议值;对于有处理条件的地区,工业废水污染物排放量=工业废水未处理量×工业废水中污染物的浓度建议值+工业废水处理量×处理后的浓度值。

2. 污染物入河量预测

通过现状调查分析,预测不同水平年废污水入河系数和污染物入河量。

3. 限制排污总量和削减量分析

经预测,岷江上游流域不同水平年 COD、氨氮排放量均小于河流水体纳污能力,但依然需要继续加强污水处理设施建设。

11.2.3　保护措施与对策

1. 污水处理厂(站)规划

根据阿坝藏族羌族自治州点源污水排放规律、主要河道水体环境承载能力分析,以及水体功能区划要求,以污水处理设施全域覆盖为指导思想,规划新建、扩建城区污水处理厂,改造城区老旧管网,雨污合流管道应建设截留管道,污水处理后排放;规划中的工业园区应新建污水处理厂,对处理能力接近饱和的污水处理厂进行扩建;对于城镇周边农村地区,应将污水纳入城镇污水处理厂处理;范围大、游客分散的景区应以旅游服务区、社区为单位新建污水处理设施;河谷地区、聚居性好的村落宜建设小型污水处理设施;对已建污水处理厂和小型污水处理设施进行改造，提标升级，提高污水处理能力，提升处理效率。

2. 入河排污口整治与优化布局

通过对岷江上游流域内现有入河排污口设置布局及排污特性调查，结合入河排污口设置与管理存在的问题，依据水质保护目标、水域纳污能力及限制排污总量控制要求，对入河排污口进行布局优化，对新设排污口提出控制原则和要求，以保障水功能区纳污红线的落实和贯彻，保障水质安全。针对入河排污口隐蔽、未规范化设置、排水方式不当等问题，应设立公告牌、警示牌和缓冲堰板等。

对于城镇集中式生活饮用水地表水源保护区、自然保护区等重要水体区域内已设置的废污水排放口，须将排污口搬迁或关停。同时，对于现状不达标的功能区分布的排污口，要对排污口进行优化布局、整治或关闭，并严格限制入河排污总量，以改善这些功能区的水质状况，实现规划水质目标。

此外，对于污染排放量大、达标排放不满足受纳水体水功能区水质管理要求的排污口，提出关闭不符合国家产业政策或污染严重且难以治理的工业企业的建议，禁止新建化工类、造纸及其他重污染型企业，限期清理整治现有污染源企业；在排污达标的情况下，水域纳污能力有限，应进行排污深度处理，推进造纸、纺织印染、化工、制革等废水污染企业深度治理。

3. 加强饮用水水源地保护

针对国家重要饮用水水源保护存在的问题，制订饮用水水源地保护方案，进一步明确保护区范围，设立相关保护与警示标志，并采取隔离防护、污染源综合整治、湖库周边及内部生态修复工程等措施进行综合整治，加强集中式饮用水水源地规范化建设和保护。

为保障饮用水水源地水质安全，应全面规划和实施合理的饮用水水源地布局。优先实施水源保护工程或非工程措施，有效保护水源地；加快饮用水水源地安全应急体系和监测能力建设，提高预警预报能力；加强储备水源工程建设，以应对水源突发性事件或极端干旱气候的出现。

4. 加强河流综合治理力度，保障河流生态环境需水

制订满足水库下游生态保护和库区水环境保护要求的水库调度方案，协调上游已建引水式电站的运行方式，下泄足够的生态基流，保证主要节点生态基流。逐步完善河流生态基流和生态环境需水的监管措施和保障制度，使生态基流和生态环境需水保障纳入法治轨道。

中小河流的污染治理是主要河流水质达标的重要前提，加强支流的综合治理，确保进入干流水质达到水质管理目标要求，重点开展环境综合整治。

5. 加强污染源控制

(1) 强化工业污染治理。所有工业废水应达标排放，加强区域产业结构调整，采用清洁生产工艺，使污染物排放满足水功能区纳污能力的要求。新建、改建或者扩大入河排污口，排污口设置单位应征得有管辖权的水行政主管部门或流域管理机构同意。对不符合国家产业政策，属于国家明令禁止、淘汰的落后生产能力、工艺、产品，对其中严重污染环

境、影响居民正常生活的企业，缺乏有效治污设施、污染物超标直排的企业，报请政府实行停产治理。对不按要求停产整治或治理达标无望的企业，报请政府予以关闭。

(2)加强城镇生活污染治理。截至 2020 年，岷江上游县/区级城市污水处理率达 85%，城市污水处理率达 95%；2030 年前城镇污水处理厂规模应达到可处理城市所有污水的规模。完善城镇污水配套管网，推进雨污合流管网改造，实施城市现有污水处理厂扩容提标工程，监督所有污水处理厂尾水稳定达到国家规定排放标准；向水质不达标河流排放污水的，须稳定达到《地表水环境质量标准》(GB 3838—2002)中Ⅲ类标准排放。

(3)重视面源污染治理。通过大力发展科学灌溉，推广使用喷灌、滴灌等节水灌溉技术，大力发展节水农业，削减农田径流，从源头和生产过程有效控制农业面源污染；建立有机食品基地、绿色食品基地、无公害食品基地，促进农业生产发展，减少农药、化肥的使用量。强化畜禽养殖污染治理，推进农村环境连片综合整治；结合四川省生态环境建设，推广农村沼气无害化处理、秸秆气化，促进农业废弃物资源化再生利用和循环经济的发展。

6. 加强水资源保护监督管理

(1)强化制度落实，建立相关机制。进一步强化《中华人民共和国水法》等法律、法规确立的水资源保护制度的落实，建立规划区水资源保护的协商、协调和联防机制，实施县与县交接断面目标考核制度、水质状况通报制度，把水资源保护目标纳入相关行政区的目标考核指标体系，严格保护与管理水资源，维护河流健康。

(2)加快推进"河长制"建设，加强入河排污口监督管理。加快推进"河长制"建设，加大执法力度，新设置的排污口必须经水行政主管部门审查同意，对未经水行政主管部门同意而新建、扩建和改建排污口的违法行为进行处罚。加强对入河排污口的监督管理，贯彻落实《中华人民共和国水法》关于排污口设置审查、排污口总量控制等各项水资源保护制度。完善排污口基础数据库，为各级水行政主管部门提供管理决策的基础资料；加强入河排污口监控系统建设，对重要排污口和重要水功能区(如水源保护区)排污口进行实时监控，及时准确地把握排污动态变化，为水行政主管部门提供可靠的管理信息。

(3)加强水资源保护监测系统建设。以现有水质监测站网为基础，尽可能与国家水文站点相结合，做到水质、水量并重，同时与各河流水功能区划相适应，重点是一级水功能区划中的开发利用区，以满足能准确反映水功能区水质状况为前提，兼顾监测的时效性、代表性及交通便利性，进行水资源保护监测系统建设。

(4)加强水资源保护能力建设。强化重要县界、重要水源地和重要水域自动监测和远程监控，加强应对突发性水污染事故和应急监测能力建设，开展重点支流监督性巡测，加强水资源保护管理决策支持系统建设。

7. 加强地下水资源保护

岷江上游流域水网发育，地下水补给、径流、排泄通畅，浅层地下水补给条件良好，恢复能力强，基本能达到采补平衡。针对岷江上游流域地下水开发利用现状及存在的问题，制定地下水资源保护措施如下。

(1)阿坝藏族羌族自治州水务局应对所辖区域地下水资源的勘查、开发利用进行统一的有效规划和管理，所有开发行为必须取得水行政部门的许可证方能进行，严禁随意掠夺性开采。

（2）为保护全区地下水资源，必须保护和改善地下水补给区的生态环境和地质环境，防治污染，以确保和增强地下水的补给水量和水质。

（3）必须根据勘查评价结果进行地下水资源的限量开采，不能随意扩大开采量，以免造成地下水位下降，导致地下水枯竭及地质环境破坏。

（4）加大中水或雨水等非常规水源的利用，为地下水提供可能的替代水源，努力提高城镇污水处理回用的程度。对于一般工业、城市景观等非人体接触性用水，要根据污水处理厂及用户的分布、水质水量要求，尽可能利用再生水替代部分地下水。

11.2.4　河流控制节点生态环境需水量

岷江上游流域河流控制节点设定在 3 个水文站，分别为杂谷脑河上的杂谷脑站、黑水河上的黑水站、岷江上游的镇江关站。本书利用 Tennant 法估算河道内生态需水量，汛期（5～9 月）径流量取 70%，非汛期（10 月～次年 4 月）径流量取 30%。岷江上游流域河道内生态环境需水量计算成果见表 11-22，岷江上游流域河道内生态环境需水量年内过程见表 11-23。

表 11-22　岷江上游流域河道内生态环境需水量计算成果表

河流	控制断面	多年平均径流量 /万 m³	生态需水量 /万 m³	流量/(m³/s)	
				汛期 (5～9 月)	非汛期 (10～次年 4 月)
杂谷脑河	杂谷脑站	202115	37158	19.2	6.41
黑水河	黑水站	131862	24242	12.5	4.18
岷江	镇江关站	170683	31380	16.2	5.41

表 11-23　岷江上游流域河道内生态环境需水量年内过程　（单位：万 m³）

分期	月份	杂谷脑站	黑水站	镇江关站
汛期	5	5150	3360	4349
	6	4984	3251	4209
	7	5150	3360	4349
	8	5150	3360	4349
	9	4984	3251	4209
非汛期	10	1717	1120	1450
	11	1661	1084	1403
	12	1717	1120	1450
	1	1717	1120	1450
	2	1550	1012	1309
	3	1717	1120	1450
	4	1661	1084	1403
合计		37158	24242	31380

11.3　岷江上游流域节水规划综合干预

11.3.1　现状用水水平

根据《2017 年阿坝州水资源公报》，2017 年岷江上游流域地区所在的阿坝藏族羌族自治州总用水量 2131 万 m^3，人均用水量为 254m^3，低于四川省 324m^3 的水平，低于全国 438m^3 的水平；万元工业增加值用水量为 28.0m^3/万元，低于四川省 48.2m^3/万元的平均水平，低于全国 52.8m^3/万元的平均水平；城镇生活用水(含公共用水)量为 366L/(人·d)，高于四川省城镇生活用水(含公共用水)量 163L/(人·d)的平均水平，高于全国城镇生活用水量(含公共用水)220L/(人·d)的平均水平；农村生活用水量为 106L/(人·d)，高于四川省农村生活用水量 100L/(人·d)的平均水平，高于全国农村生活用水量 86L/(人·d)的平均水平；农田实灌亩均用水量为 266m^3，低于四川省 406m^3 和全国 380m^3 的平均水平；农田灌溉水有效利用系数为 0.451，略低于四川省 0.462 的平均水平，低于全国 0.542 的平均水平(表 11-24)。

表 11-24　区域现状年用水指标统计表

区域	人均用水量/m^3	万元 GDP 用水量/m^3	农田实灌亩均用水量/m^3	城镇生活用水量/[L/(人·d)]	农村生活用水量/[L/(人·d)]	牲畜用水量/[L/(头·d)]	万元工业增加值用水量/(m^3/万元)	农田灌溉水有效利用系数
流域	254	86	266	366	106	29	28.0	0.451
四川省	324	81.7	406	163	100	31	48.2	0.462
全国	438	81	380	220	86	32	52.8	0.542

11.3.2　节水潜力分析

解决水资源短缺的最主要途径为开源和节流，从长远考虑，节流更具有现实意义。《中华人民共和国水法》明确规定："国家厉行节约用水，大力推行节约用水措施，推广节约用水新技术、新工艺，发展节水型工业、农业和服务业，建立节水型社会"。根据《全民节水行动计划》(发改环咨〔2016〕2259 号)，推进各行业、各领域节水，通过全域饮水安全工程的实施，在全社会形成节水理念和节水氛围，全面建设节水型社会。

1. 节水目标

根据《阿坝州水利发展"十三五"规划》《阿坝藏族羌族自治州"十三五"住房和城乡建设事业发展规划》《阿坝州"十三五"生态建设和环境保护规划》，2030 年灌溉水有效利用系数将提高到 0.56，重点工业用水重复利用率达到 85%，城镇生活污水收集处理率达到 95%以上，饮用水水源水质总体保持优良，其中集中式饮用水水源水质达标率达到 100%，村镇饮用水卫生合格率达到 100%，节水器具普及率达到 95%以上，重要江河湖泊水功能区水质达标率保持 100%。

2. 节水潜力

岷江上游流域地区节水潜力主要集中在城镇生活用水和生产用水。2017 年阿坝藏族羌族自治州用水总量 2131 万 m^3，其中城镇生活(含公共用水)用水 4744 万 m^3，城镇供水管网漏损率 11.7%；农业灌溉(耕地和园林草地灌溉)用水 10192 万 m^3，灌溉水利用系数 0.451；工业用水 2872 万 m^3。

根据岷江上游流域实际情况,2030 年岷江上游流域城镇供水管网漏损率将降低到 8%,灌溉水利用系数将提高到 0.56。经分析,流域的现状节水潜力为 2297 万 m^3,相当于一座中型水库供水能力。

流域各行业节水潜力计算成果见表 11-25。

表 11-25　各行业节水潜力计算成果　　　　　　　(单位:万 m^3)

节水	城镇生活	生产			合计
		小计	农业灌溉	工业	
用水量	4744	13064	10192	2872	17808
节水后用水	4552	10959	8203	2756	15512
节水潜力	192	2105	1989	116	2297

11.3.3　节水措施

落实最严格的水资源管理制度,全面确立"三条红线"控制目标,严格实行"四项制度",完善考核指标体系,强化考核管理;建立规划水资源论证制度,严格实行项目水资源论证制度,强化取水许可管理;开展水资源和水环境承载能力评估研究;加大农业节水力度,深入开展工业节水,加强生活和服务节水;完善节水支持政策,培育发展节水产业,加强节水监督管理;积极开展节水宣传教育,扩大社会参与。

1. 农业节水

进一步把农业节水作为一项重大战略举措来抓,大力发展节水灌溉。发展高效节水灌溉不仅是保障供水安全、粮食安全和经济社会可持续发展的需要,还是提高用水效率、建立节水型社会、恢复和建设良好生态系统的需要,同时发展高效节水灌溉对调整农业产业结构、促进农村水利现代化、解决"三农"问题都具有重要的推动作用。根据流域的农业用水情况,在农业用水方面应采取以下节水措施。

(1)新建高效节水的中型灌区骨干工程,实施田间高效节水工程项目,大力发展高效节水灌溉。"十三五"期间实施:理县米桃水利工程、茂县赤沙较水利工程等。

(2)加强取水计量工作。取水计量是精确控制供用水过程的重要基础和关键环节。在干、支渠及以下渠道分水口处布置量测水设施,并建立健全计量用水规章制度,通过量测水设施及时、准确地计算出引入渠道分配给各用水单位和灌溉区的水量,以便进行调节和控制,使之符合用水计划的要求,避免供水过多或不足。利用量测水及灌溉面积的统计资料,分析、检查灌水定额、灌水工作效率和用水计划的合理性,及时纠正浪费水资源的现象，提高劳动生产率，发挥灌水效益。

（3）实行计划用水，改变无计划、长流水灌溉的现象。根据灌区各用水户用水需求和用水特点，编制科学合理的用水计划；在实施用水计划时，视当时实际情况，特别是当时的气象、水源情况，及时修正和改进用水计划，认真做好渠系水量的调配工作；在阶段用水结束后，要及时进行用水总结，为今后更好地推行计划用水积累经验。

（4）推进水价改革。完善农业水价形成机制，运用市场机制实施阶梯水价，促进节约用水的实现。科学核定农业供水成本，推动落实灌排工程运行维护费财政补助政策，从成本扣除财政补助部分以确定最终水价，并推进定额内用水实行优惠水价、超定额用水累进加价的方针。推进小型水利工程产权改革，将灌区末级渠系等小型农田水利设施产权明确归农民用水合作组织及新型生产经营主体所有。

2. 工业节水

在工业用水方面，节水的技术措施的关键是采用新工艺、新技术，依靠科技提高工业用水的重复利用率，达到合理高效用水的效果，如间接冷却水循环使用、工艺水回收使用、使用节水装置，以及采用节水工艺等。管理措施主要是优化区域工业产业结构，淘汰落后的高耗水产业，根据实际情况发展新型节水工业，根据各工艺对水质的不同要求实行水的梯级利用、加大再生水利用。节水的政策性措施包括推行广泛的宣传教育，制定有关节水政策，确定合理的水价，完善计量方式，改进操作，查漏、堵漏等。

3. 生活节水

利用各种媒体宣传节水的必要性和生活中可行且便于操作的节水措施，提倡生活用水一水多用，如把漂洗衣物的水用于下一次洗衣或冲洗马桶等；还可以用淘米水、煮面水洗碗筷，去油又节水；用洗菜水、洗衣水、洗碗水及洗澡水等清洗用水来浇花；养鱼的水用来浇花还能促进花木生长；洗脸水用后可以洗脚，然后冲厕所等。

1）大力推广使用节水型用水设备

城乡居民生活毛用水量与用水器具的节水性能紧密相关，鼓励用水户安装节水龙头、节水便器、节水洗衣机等列入国家推荐产品目录的节水器具，规划 2030 年城镇节水器具普及率达到 95%以上。

2）加强供水管理

加强城乡供水管网的检查维修和建设改造，防止跑、冒、滴、漏，降低供水管网漏失率，减小输水损失。规划阿坝藏族羌族自治州 2030 年城镇供水管网漏损率降低到 8%。

11.3.4　供水保障方案

1. 工程措施

1）农村饮水

（1）因地制宜，发展各类农村供水工程。

对具备水源条件、人口较密的农村地区，通过管网延伸和新建水厂，发展集中供水。

对距城镇等现有供水管网较近的农村地区,利用已有自来水厂的富余供水能力,或扩容改建已有水厂,延伸供水管网,发展自来水。对距城镇现有供水管网较远且人口稠密的农村地区,水源水量充沛,可根据地形、管理、制水成本等条件,结合当地村镇发展规划,统筹考虑区域供水整体发展,兴建适度规模的跨村镇联片集中供水工程;当水源水量较少,居民点分散时,兴建单村集中供水工程。农村学校的饮水安全主要通过集镇和村级供水工程管网延伸的方式解决,如不能通过延伸解决的则单独新建供水工程。

岷江上游流域地区仍有较多分散居住的农户,对于这些居民应兴建单户或联户的分散式供水工程。在有山溪(泉)水的地区,建设引溪(泉)水设施;在水资源缺乏或开发利用困难的地区,建设小型集蓄饮水工程。

(2)建立和完善水源保护区,实施水源保护工程。

为保障饮水水源的水质,应将没有划定为水源保护区的集中饮用水水源地划定为保护区,保护区内严禁存在可能影响水源水质的污染源。实施饮用水水源保护工程,清除保护区内的重点污染源,如垃圾、厕所、码头、水产养殖、排污口等。在水源保护区内,发展有机农业或种植水源保护林,避免农药、化肥、畜禽养殖等面源污染,减少水土流失,涵养水源。

对于水源保护区外的地区,也应加强点源污染治理,防治采矿等引起的地表水和地下水污染。加强农村环境卫生综合整治,引导农民科学施用化肥、农药,做好废污水、垃圾处理,减少面源污染。

2)城市供水

(1)科学调整水源地供水功能,合理增加城镇供水量。

根据《阿坝州州域城镇体系规划(2013～2030 年)》可知,岷江上游流域 5 个县城、所有建制镇和少数部分乡集镇均有自来水厂,实行管网集中供水。城镇供水管道长88.62km,供水综合生产能力为 1.42 万 t/d,水厂水源取自岷江及其支流,水质达到城市供水卫生标准。

各级城镇均应按相应城镇的发展规划扩建、改建或新建自来水厂。对于邻近的乡镇,可在适当位置共建区域自来水厂,统一供水,避免水资源浪费。城镇供水管网布置采用环状和树枝状相结合的方式。

农牧区采用压水井或小型水泵方式取水,分散供水。在牧民定居点的提档升级中继续完善供水设施,在存在冻土问题的地区水泵埋深应大于冻土深度。

(2)充分挖掘节水潜力,提高水资源利用效率。

鼓励重点大中型企业采用节水新技术和新工艺进行节水技术改造,提高工业用水重复利用率,降低万元工业增加值用水量。加大城市生活节水力度,在城镇优先推广生活节水器具;改造城镇旧供水管网,减小供水管网漏损率,提高水资源利用效率。

3)农业供水

(1)加强农业水利基础设施建设。

以现有灌区续建配套与节水改造为重点,加大农田水利基础设施建设的力度,积极搞好现有水利工程的续建配套、挖潜、改造,提高管理水平和水的利用率,提高渠系水利用系数。

实施抗旱应急水源工程建设，通过采取小型抗旱工程建设、配备小型应急抗旱器具等措施，增加临时抗旱灌溉面积，增强农田灌溉的抗旱能力。加强水土流失治理，加快坡耕地综合治理和改造。同时大力推进现代农牧业发展进程，努力推进农牧业供给侧结构性改革，集中推进现代农业畜牧业基础设施建设、标准化种植养殖基地建设、农畜产品品牌建设。

(2)加强骨干工程建设，合理调配水资源。

要加快新建工程特别是控制性骨干工程建设，提高供水保证率和农田灌溉率。结合新建水源工程，发展中型引水工程配套新建灌区。

(3)加强农牧业基础设施建设。

积极推进涉藏地区乡村振兴战略、美丽乡村建设、乡村生态文明建设与农村一、二、三产业融合发展，争取国家、省支农政策和项目，推进三江源生态综合治理，加强农田、牧区水利灌溉和牲畜饮水工程建设，夯实生态农业发展基础，增强抗灾减灾能力，为提质、增量、增效提供保障。

2. 非工程措施

(1)建立水质监测体系，保障供水安全。

加强村镇集中式饮用水源水质监测，加强农村饮用水水源地污染防治监管，逐步建立村镇饮用水源安全预警制度。

(2)完善管理制度，严格实施各类涉水法规。

加大执法力度，禁止在饮用水水源保护区内设置排污口，加强供水水源地水质监测和水量监测，实施水资源信息化管理，进一步落实入河排污口登记、审批和监督管理规定，保障用水安全。新建、改建或者扩大排污口，必须经过县级以上水行政主管部门同意。

(3)进一步加强城镇供用水管理，努力提高管理水平。

逐步推行供、用、排水一体化管理，拓宽投资渠道，深化水价改革，理顺水价结构，积极推进分质供水、"优水优价"；鼓励地区间实现区域联动，盈缺互补；建立健全城镇供水安全监测体系，制定城市和县城供水应急调度预案，建立应对突发事件的快速响应机制，提高应对突发事件的能力。

(4)落实饮用水水源保护区制度，实施水源地保护工程，保证水源保护区水质优良。

根据城镇饮用水安全保障目标及排污总量控制方案，对饮用水水源保护区和准保护区，开展隔离防护、综合整治和生态修复等水源地保护工程，以及泥沙和面源污染控制工程，使水质不合格的水源地得到有效治理，合格的水源地水质得到有效保护，提高城镇饮用水安全保障能力。

(5)加强水资源监测系统建设。

制定并实施水资源数量与质量、供水与用水、排污与环境保护相结合的统一监测网络体系；建立和完善供水、用水、排水计量设施，建立现代化水资源监测系统。

11.3.5　特殊干旱情况下应急对策

1. 预防性措施

(1)建立和完善干旱的监测和预报系统，提高中长期干旱预报的预见性，有效、及时地掌握天气变化、土壤墒情、河流的水量水质和水资源供需状况，提高预测干旱灾害的能力，防患于未然。

(2)建立多部门防旱、抗旱的联动指挥系统，提高防旱、抗旱指挥的组织和应变能力，以指导各部门、各行业共同开展防旱、抗旱工作。

(3)加强战略性资源储备研究工作，通过分析特殊干旱期的灾害情况及当地水资源特点，根据水资源配置方案，合理科学地预留一部分水源作为战略储备。平时加强对地下水的涵养和保护，以便遇特殊情况时发挥其调节能力强、保障程度高、水质优良、易于实施的供水作用。

(4)在进行正常的水资源基础设施建设的同时，加强抗旱和应急水源建设。供水系统既要考虑正常情况下保障供水安全的需要，同时也要考虑特殊情况下的需要，适当留有余地。搞好城镇的第二水源工程建设，加强农村分散供水水源工程建设。加强不同水源和供水系统之间的沟通衔接，注重构建便于进行联合调配的供水网络系统。

2. 应急预案

制定不同特殊干旱期和干旱等级的应急对策预案，是合理利用有限的供水，确保居民和重要部门、重要地区用水，尽量减少总体损失的一项重要工作，也是对社会、经济、生态和环境的重要保障。

(1)研究制定重要的引水工程在特殊干旱期的应急供水调度预案。所有具有供水功能的引水工程应划定为特殊干旱期应急供水区，对多水源供水情况应编制联合供水调度方案，合理调配城乡居民供水和农业灌溉供水，保障城市和农村居民生活用水，保证粮食安全。

(2)调整用水次序，优先保证城乡生活及城市的基本用水。

(3)调整配水计划，实行分质供水，优质优用，水质优良的水集中作为生活用水。

(4)调整供水方式，必要时定时定量供水，或以集中供水替代分散供水。

(5)制订特殊干旱期用水计划。可根据城市居民生活需水量和用水量的大小，降低居民生活用水定额；减少或暂停工业企业、建筑业和服务业的供水；农村用水首先要保证农民生活用水和牲畜饮水，其次保证经济作物用水和处于关键生育期的作物供水，当灌溉水紧缺时，可改种需水量小的作物。

(6)通过人工增雨、充分利用地下水、利用供水工程在紧急情况下可动用的水量(如临时抽取浅层地下水等)、统筹安排适当增加外区调入水量及动用应急水源等措施，增加特殊情况下的可供水量，缓解水资源供需矛盾。

(7)运用价格杠杆，通过临时性超标准用水的惩罚性收费减少用水。

(8)向干旱灾区提供紧急援助措施，如居民生活用水采用水车送水等。

(9)对采取的应急措施所引起的社会、经济、生态、环境的影响应进行必要的定量或定性的分析与评估。特殊干旱期结束后，应尽快研究制定出恢复供水的措施和水量安排，特别是水库正常供水计划遭到破坏后，应尽快恢复到正常供水的水位。

3. 管理措施

根据国家政策和地方制定的干旱紧急情况下的水量调度预案和应急对策，岷江上游流域保障特殊干旱年的应急管理措施主要有以下六个方面。

(1)机构建设。设立防汛防旱指挥机构，建立健全旱情监测网络和预防干旱灾害队伍建设，加强抗旱服务网络建设，鼓励和支持社会力量开展多种形式的社会化服务组织建设，加强防范干旱灾害能力，制定应急预案。

(2)制度建设。制定保障特殊干旱年份应急对策和预案顺利实施的相应制度，明确各级机构的任务和责任。

(3)预测和预报。各级气象、水文部门应加强对当地天气和河流水情的监测和预报，并及时报送相关防汛抗旱指挥机构；对重大干旱天气，应采取联合监测、会商和预报的方式，尽可能延长预见期，及时报送当地人民政府和防汛抗旱指挥机构。

(4)预警与信息报送。当预报即将发生严重干旱灾害时，当地防汛抗旱指挥机构应提早预警，通知有关部门做好准备。防汛抗旱指挥机构应加强旱情监测，针对干旱灾害成因、特点，因地制宜地采取预警防范措施，执行旱情上报机制。

(5)应急响应。旱情发生时，防汛抗旱指挥机构应进行抗旱会商，根据应急预案部署抗旱工作，落实应急抗旱资金、物质，根据情况采取后备调度、启用后备水源等措施缓解用水压力。

(6)灾后救援。民政和水利部门应设立基本生活救助站。卫生部门应组织医疗队，对灾区进行巡回医疗，防止疫情传播蔓延。农业、供销部门负责协调救灾物资供应，并组织农业技术人员到灾区帮助搞好生产自救，力争灾区农民减产不减收。

11.4　基于流域生态影响评估的流域生态规划干预

11.4.1　环境保护目标

1. 环境敏感保护目标

1)生态敏感区及环境敏感点

环境敏感保护目标主要包括规划区范围内自然保护区、风景名胜区及大型重要集镇、饮用水水源地等区域，以及受水库淹没和工程占地影响的部分居民点。

2)环境敏感目标与规划项目的区位关系

《岷江上游流域"十三五"水利发展规划》曾提出的部分水库项目涉及生态红线，目前生态红线空间管控办法尚未制定，规划水库项目前期工作深度不够，难以提出解决处理措施，《岷江上游流域"十三五"水利发展规划》水库与生态红线关系见表11-26。

表 11-26　《岷江上游流域"十三五"水利发展规划》水库与生态红线关系

项目名称	建设性质	建设地点	所在河流	最大坝高/m	总库容/万 m³	兴利库容/万 m³	总供水量/万 m³	发展灌面/亩	改善灌面/亩	是否涉及生态红线
山巴水库	新建	松潘县	岷江河川主寺段	52	387	270	505	8000	5400	是
卡撒水库	新建	金川县	卡撒沟	65	770	620	1130	30200	11000	是
大溪沟水库	新建	汶川县	大溪沟	30	33	18	75	5000	6700	是
三江水库	新建	汶川县	寿溪河一级支流中河	65	645	420	363	4800	3600	是

2. 环境保护与修复目标

1）水资源保护目标

加强水功能区管理，实行入河污染物总量控制，对饮用水水源地实施保护。至 2030 年，饮用水水源区、重要水功能区水质全部达标，水功能区达标率 100%，规划河段水污染物排放量控制在河段水域纳污能力范围内；城市生活污水集中处理率达到 100%，工业污水处理率达到 90%；建成全面、高效的水环境监测、管理及供水安全保障体系。

2）生态保护与修复目标

遏制水资源的过度开发，合理调配生活、生产、生态用水，保障主要河段及湿地生态用水需求；维护减水河段内水生生物的资源和生境不受破坏，保护规划实施建设区域生态系统的完整性和稳定性；保护和改善水源地及下游地区的水生态环境，维护水生生物的多样性；采取措施控制和减少水土流失，维护区域生态平衡。

3）社会环境保护目标

优化水资源配置，促进人水和谐；合理利用土地资源，切实保护耕地；保障并改善工程建设区居民的生产、生活质量。

11.4.2　主要环境问题及敏感性分析

1. 生态制约

尽管生态保护与建设工作取得了明显成效，工程治理区呈现生态改善的良好势头，但由于长期的人为活动干扰及其与脆弱生态环境之间的叠加影响，岷江上游流域区域内森林覆盖率由中华人民共和国成立初期的 40%以上最低降至 21.3%，截至 2016 年仅恢复到 25.3%；草原"两化三害"面积占可利用草原的 73.8%，大面积的草地以每年 11.8%的惊人速度向沙漠化过渡；高原沼泽湿地萎缩退化趋势明显，特别是若尔盖高原湿地萎缩面积达 42%；干旱河谷的干旱化、半荒漠化仍在发展和扩大，其中岷江上游地区约有 1/3 的面积正向半荒漠化过渡；生态环境状况整体恶化的态势尚未得到根本遏制，生物多样性降低，生态系统功能持续下降。

阿坝藏族羌族自治州水土流失敏感区面积约 2.2 万 km²，约为阿坝藏族羌族自治州全域的 26.1%。易发生剧烈水土流失区面积为 0.211 万 km²，占阿坝藏族羌族自治州总面积的 2.51%，主要分布在阿坝藏族羌族自治州东南部的邛崃山系和东北部的岷山山系，其中 28.8%分布在小金县，汶川县和理县分别有 13.15%和 12.98%的剧烈区分布；极强烈侵蚀面积为 906km²，占阿坝藏族羌族自治州总面积的 1.00%，汶川县 (23.1%) 是其主要分布区域；强烈侵蚀面积为 1132km²，约占阿坝藏族羌族自治州总面积的 1.34%，主要分布在汶川县 (26.24%)、理县 (15.8%) 和茂县 (14.95%) 三个县域；中度侵蚀面积为 2653.4km²，约占阿坝藏族羌族自治州总面积的 3.15%，广泛分布于阿坝藏族羌族自治州东部的松潘县、黑水县、茂县，向南延伸直至小金、金川的广大区域，其中松潘县 (13.37%) 和理县 (11.41%) 分布的中度水土流失敏感区面积最大。

2. 水环境容量分析

从水环境容量来看，岷江上游流域地区地表水质量优良，均满足地表水质III级以上标准，大部分河流水质甚至达到II级或I级标准，说明流域水环境容量尚且充足。但是流域地表径流的年内分配极不均匀，大部分地区年径流的 60%~70%集中在丰水期 (6~9 月或 7~10 月)，且多以暴雨洪水形式流走。枯水期一般长达五六个月，枯水期径流量小，占年径流的比重小，各河流对污染物的容量也小。工业企业的生产和污染物排放在一年之中各个季节基本保持一致，而地表水径流年内分布极不均匀，造成流域地表水环境容量不能得到很好的利用。

岷江上游流域地区城镇生活污水处理设施相对缺乏，污水收集管网建设滞后。现运行的污水处理厂处理率低 (实际处理能力不足设计能力的 50%)、运行不规范、运行效率无法保障，会对区域水环境造成一定的污染压力。

化肥农药流失、作物残弃、畜禽养殖业中畜禽的排泄物和冲洗排水等农业非点源污染也是水质污染的主要来源，如继续保持现有化肥农药施用强度和畜禽养殖增长水平，区域农业非点源污染将产生更大的水环境污染压力。

3. 产业结构布局

传统粗放发展模式特征仍然明显，产业结构以初加工为主，并存在相当一部分高载能工业，给生态保护带来的压力依然较大。同时，受体制机制、人口聚集效应等因素制约，农业规模化和产业化程度低，工业产业链延伸不足，产品科技含量和附加值不高，旅游业与生态保护融合不够，发展缓慢，经济增长方式处于转型期，产业结构优化调整不快，经济与环境融合发展不足，绿色发展水平整体不高。

11.4.3 环境影响初步分析与评价

1. 水资源

按行政区统计岷江上游流域 1956~2017 年多年平均水资源量，多年平均水资源总量最多的是松潘县，最少的是茂县。岷江上游流域水资源存在时空分布不均、综合开发利用率低、水利基础设施薄弱等问题，通过水资源的强化治理，促进生态环境保护，完善工程措施和非工程措施，实现水资源的现代化管理，使河流生态功能健全，服务功能正常发挥，保障经济社会的可持续发展。

2. 水环境

受工农业布局、城镇污染治理水平等综合影响，岷江上游流域部分河流已受到不同程度的污染，出现水质不达标现象。

流域生态规划实施后 COD 和氨氮的入河量在远期规划水平年较近期规划水平年总体上呈下降趋势，这主要因为流域城镇生活污水的处理率和工业废水处理率及用水重复率在逐年提高，以致污染物入河量和限制排污总量均有所下降。

随着污染防治措施的落实，远期规划水平年各个水功能区剩余环境容量会增加，水质也会得到不断改善。

水库水质决定了供水水质，是规划目标能否实现的根本，因此，规划项目具体实施时，应充分考虑水源、水质这一重大问题，采取相应的对策措施，保证水源、水质，以保证规划目标的实现。

3. 生态

1）水生生态

骨干水源工程建设后，在水库蓄水初期，库底残留的有机物分解，土壤中氮、磷、有机物等进入水体，使水体营养元素浓度增加；蓄水后含沙量减少，水体透明度增加；大坝建成后形成阻隔，可能对生境连通性及生物资源的交流产生不利影响。

另外，流域生态规划实施过程中工程施工期间，爆破、灌浆、混凝土工程等高噪声施工活动可能对坝区附近水生生境产生扰动，影响鱼类及其他水生动物栖息。但由于施工时段较短，且总体施工规模较小，预计工程施工对水生生境产生的扰动影响不大，施工完成后消失。

流域生态规划实施将保护特有鱼类及其重要水生生境，合理制定重点河流的保护、治理和开发方案，通过严格控制水生态环境敏感区域的治理开发活动，将治理开发活动对水生态环境的影响限制在水生态环境系统能承受的范围内。采取加强物种与生物资源保护，设立自然保护区、重要湿地和水产种植保护区等多种措施，保护水生生物群落结构，实现水生态系统功能良好发展。加强水生态系统保护与修复、打造水生态安全格局，提高水资源承载能力，改善水生态环境质量。

2）陆生生态

流域生态规划实施过程中，对陆生植物的影响主要体现在工程永久占地和临时占地对农田植被和林地的扰动与破坏方面，另外，施工期间施工人员对施工区域外的植被也会造成破坏。

流域生态规划实施过程中，对陆生动物的影响主要体现在施工占地及移民安置导致局部区域内陆生动物生境面积的缩小和工程施工活动对动物的惊扰方面，工程土石方开挖、爆破、施工机械运行、施工人员频繁活动等将导致噪声增加、空气中扬尘浓度增加，对施工区及其周边野生动物造成一定惊扰，对其正常的栖息生活产生不利影响。工程完工后，通过对临时占地进行迹地恢复，在一定程度上可减少对陆生动物的影响。

4. 社会经济

流域生态规划的实施将为当地国民经济发展注入新动力，同时为当地提供能源，增加就业机会和财政收入，提高人民生活水平，对促进区域社会、经济的发展发挥重大作用。流域生态规划的实施将保障流域发展战略的水资源需求，将水资源优势和生态优势真正转变为产业优势和经济优势，从而有力地促进地区经济发展。

5. 土地利用

通过农田基本建设，按渠、沟、田、林、村、路统一布局，结合新农村建设、乡村振兴项目，搞好农田水利配套，既改善了灌溉条件与排水条件，也有利于耕作和土地改良。灌区的建设与土地利用有着非常密切的关系，可以有效地扩大灌溉面积，提高农田的产出能力。与此同时，土地利用类型也发生了很大的变化，如原来的低洼土地，由靠天吃饭、产量没有保证的土地变成了旱涝保收的高产良田。流域生态规划实施有利于调整农业结构，推动土地资源的合理开发利用和农、林、牧生产的全面发展，增加农田有效灌溉面积，使农业生产条件得到较大改善，粮食产量提高。

农业节水工程施工过程中可能会对生态环境造成不利影响，主要体现在，节水工程建成运行后，减少了沿途渗漏量，可能会对沿途的植物生长带来不利影响。田间灌溉水量的减少也可能引起土壤理化性状的改变，从而对土地资源产生不利影响。

6. 施工期环境影响

工程施工期均存在"三废一噪"污染问题。施工期间排放的生产废水、生活污水等，如不经处理直接排入河道，会对施工江段水质造成局部污染。施工机械，炸药爆炸，土石方开挖，交通运输产生的废气、扬尘和噪声，将会对施工区大气环境、声环境造成一定的污染，而各水库工程河段大多地处高峡谷区域，施工场地狭窄，大气污染物和噪声难以扩散、衰减，可能会对施工人员和当地居民造成一定的影响。

流域生态规划施工期会产生新的水土流失问题。工程施工还会产生生活垃圾，尤其是大型水库工程施工人员较多，施工工期比较长，生活垃圾量也相对较多，如不妥善处置，将会污染空气和水，对人类健康产生不利影响。

11.4.4 生态规划干预措施

岷江上游流域是长江上游及成都平原的绿色生态屏障和重要水源涵养区，是川滇森林及生物多样性保护与青藏高原生态屏障的重要组成部分，也是著名的革命老区和多民族聚居区，在国家生态安全、民族团结与西部地区可持续发展中具有重要的战略地位。环境保护在规划中尤为重要，针对流域水资源综合规划的环境保护对策措施主要有以下几个方面。

(1)加强对河流、湖泊、沼泽、地下水等生态系统的保护。在水资源开发利用的同时，重视对水资源的节约和保护，重视对河流生态环境和地下水系统的保护，加强对重要湿地生态系统，尤其是国际重要湿地、国家重要湿地、国家湿地公园、国家级湿地自然保护区等地区的保护，要严格按照"三线一单"的要求，严格管控。规划工程应规避上述区域，实行用水总量控制，严格控制水资源的过度消耗，逐步退还挤占的河道内生态环境用水。在水资源配置中，要保障河流的基本生态环境用水要求，保持河流合理的流量，维持湖库和地下水的合理水位，减少对生态环境的不利影响。要按照减量化、再利用、资源化的原则，建立全社会的水资源循环利用体系，提高水资源的利用效率和效益，实现水资源可持续利用，保护生态环境。要按照预防为主、防治结合、加强管理的要求，将源头控制与末端控制相结合，切实加强生态环境保护与修复。

(2) 严格按照《中华人民共和国环境保护法》《中华人民共和国环境影响评价法》《规划环境影响评价条例》等法律、法规要求，加强规划工程的环境影响评价工作，认真落实各项环境保护措施。在规划实施过程中，对规划实施情况应分阶段进行环境影响跟踪监测、评价和后评估。在建设项目前期工作中，重视环境影响评价和环境保护设计工作，制定切实有效的环境保护实施计划；在建设项目施工过程中，保证环境保护的投资，严格执行"三同时"管理制度，加强对生态环境敏感要素的监测，加强环境保护工作。加强建设项目的水资源论证和取水许可审批制度及水土保持方案编制等工程建设前期工作，强化对水资源配置工程建设全过程的监督管理。

(3) 科学规划、妥善安置工程建设移民。大型水库的兴建可能会带来一些敏感的环境问题，如陡坡开荒、植被破坏、水污染及湖库富营养化等。应按照以人为本的要求，在充分论证分析移民安置区环境容量的基础上，要按照集约、节约用地的要求，编制切实可行的人口迁移规划，对人口进行妥善安置，切实做好工程征地补偿、移民安置和后期扶持工作，确保征地农民的生活水平不因征地而降低，保障移民合法权益，维护社会稳定。

(4) 严格保护土地资源和耕地资源。我国耕地资源稀缺，对基本农田实施保护是我国的一项基本国策。水资源工程建设将占用一定的土地资源，对我国稀缺的基本农田带来一定的不利影响。因此，工程建设要严格贯彻《中华人民共和国土地管理法》《基本农田保护条例》《中华人民共和国森林法》《中华人民共和国森林法实施条例》等法律、法规，严格用地审批制度，保护宝贵的土地、耕地、林地和森林资源，切实做好占补平衡和土地补偿安置工作，采取有力措施减小基本农田损失造成的影响。确需占用永久基本农田的，按照有关规定办理，并做好补划工作。

(5) 加强对重要生态环境敏感保护目标的保护。部分水资源工程涉及自然保护区、重要湿地等生物多样性丰富的区域。在工程建设项目立项阶段，应重视生态环境现状调查工作，尤其是生态环境敏感区（点）的调查，深入了解珍稀生物的生态习性以及对珍稀生物影响较大的控制性因素，以便有针对性地采取保护措施，避免工程建设对生态环境敏感区造成不可逆的影响。要加强对可能受规划实施影响的重要生态环境敏感区生态环境系统的监测，及时掌握环境变化情况，采取相应的补救措施。

(6) 加强规划实施的环境风险管理。通过对规划实施的环境风险进行评价，针对可能发生的重大环境风险问题，制定突发性环境事件应急预案和风险应急管理措施，为流域、区域的水资源合理调配及应急调配提供指导。在流域生态规划实施过程中，要加强对水文、水资源、生态环境等敏感因素的监测，加强对湿地生态系统产生不可逆转或毁灭性影响的生态风险的评估，优化和调整实施计划和方案，把对生态环境的负面影响控制在最低。

（7）高度重视流域生态规划实施和水资源配置工程建设的不利环境影响，统筹做好水利发展与环境保护工作。把生态环境保护理念贯穿于水利建设和管理的各个环节中，加强建设项目环境影响评价等前期工作，认真落实环境保护措施，强化对工程建设全过程的监督管理。切实做好工程征地补偿、移民安置和后期扶持工作，维护好移民合法权益。

11.4.5 干预措施的影响评价

岷江上游流域的生态规划贯彻了新时期治水的方针政策，全面落实了国家实施可持续发展战略的要求，适应经济社会发展和水资源形势的变化，规划的实施将着力民生水利发展、保护生态环境等重大问题，为流域水资源统一管理和可持续利用提供基础，在进一步查清流域水资源及其开发利用现状、分析和评价水资源承载能力的基础上，根据经济社会可持续发展和生态环境保护对水资源的要求，提出了水资源合理开发、高效利用、有效节约、优化配置、积极保护和综合治理的总体布局及实施方案。

流域生态规划的实施可较大幅度地提升岷江上游流域水资源开发利用程度和对水资源的调节能力，为满足各类用水需要和经济社会的可持续发展提供保障；促进流域水环境良性循环，实现水资源可持续利用；促进人口、资源、环境和经济的协调发展，提高水资源的利用效率和效益，推动产业结构调整；遏制水生态系统失衡的趋势，保障河湖的生态环境用水需求，改善流域水生态环境，维护流域的水生生物多样性；推动土地资源的合理开发利用和农、林、牧生产的全面发展，优化土地利用结构，以水资源的可持续利用支持经济社会的可持续发展。

流域生态规划按照资源节约型和环境友好型社会的要求，通过加强污染源治理与控制、强化入河排污口管理，建立以水功能区为基础的水资源保护制度，强化饮用水水源保护，建立完善的水质监测和预警系统，实行水资源合理配置和统一调度，统筹协调各地区经济社会发展与河流生态需水等一系列水资源及水生态保护措施。2020 年岷江上游流域所有河流水功能区水质达标，城镇集中式饮用水水源地水质全部达标，农村集中式饮用水水源地水质达标；2030 年岷江上游流域所有河段水质均达到相应水功能区水质保护目标要求，城镇及农村集中式饮用水水源地水质均达标。同时岷江上游流域通过已建工程退减生态水量，极大地改善水生态环境，对构建生态州起着积极的作用。

水资源和水生态保护规划实施后，将改善流域的水生态环境，促进流域水生态环境良性循环，实现水资源可持续利用，对保障经济社会的可持续发展有重要的作用，产生巨大的生态环境效益，促进人与自然和谐发展。

第12章 岷江上游流域高质量发展的
响应措施及合理配置

12.1 响应措施及适应性管理

12.1.1 政策制度层面的管理性措施

1. 健全法制，强化依法管水

政策法规建设为岷江上游流域水资源管理提供必要的法律支持，为依法治水提供了良好环境。加强政策法规建设，形成水政策法规体系，加强水行政执法，确保政策法规落到实处，加强水资源规划论证，实行最严格的水资源管理制度。同时，针对岷江上游的水资源管理，结合水资源保护、水土保持等流域管理的重要方面开展研究，根据需要及时出台相应的水利部门规章制度。

制定以水权管理为核心内容，集地下水接入、水资源配置、特殊情况下水资源统一配置、水资源保护于一体的水资源管理政策；制定污水处理和排放政策，实施工业和生活废水总量控制制度，支付排污费，鼓励和支持企业废水处理和回用，制定废水排放标准和收费标准。加强岷江上游流域水利信息化建设，建立覆盖全区的水利信息化综合系统工程。通过信息网络建设，提高执法效率和水平，增加水行政许可的公平性和透明度。

2. 加强统筹协调、强化监督考评

生态规划的实施要注重综合协调，按照各部门相结合的原则，合理确定各乡镇、各部门的职责，充分调动各方面的积极性。各有关部门按照职责分工，负责项目的实施、建设资金的落实，加强资金和项目管理(毕彦杰，2017)。水生态综合治理建设项目按照权限和程序进行建设和管理。项目实施方案或可行性研究报告由县发展和改革局会同行业主管部门审查，列入年度投资计划。

把生态综合治理建设作为考核领导班子和干部政绩的重要内容，纳入党委、政府考核体系，定期考核。严格执行重点水生态工程建设程序，建立工作责任制，明确工程责任人，加强投资和使用管理，切实提高资金使用效率。县发展和改革局会同有关部门及时对工程建设进行监督检查，有关部门按照职责分工，加强跟踪检查，督促工程实施。按照"半年一督、一总结、两年一评"的原则，加强对任务完成情况和建设效果的考核，对突出的按规定给予表彰和奖励，对未得到有效推进、影响重大的工作，切实追究相关责任人的责任，并将考核结果作为履职晋级(降级)的重要依据。每年年底，县级有关部门对工业项目实施情况进行总结，乡镇对辖区内项目实施情况进行总结，向县政府提交总结报告，县政府向州政府提交总结报告。

3. 转移流域管理及水利发展方向

流域水资源管理的核心是水资源的合理开发、优化配置、有效保护和高效利用。过去，水利、水务部门对流域水资源的管理主要集中在工程水利上，主要任务是保证人畜饮水和下游农田灌溉用水，对生态流的关注和重视远远不够。今后，要从工程水利向资源水利转变，努力建立市场调节和政府宏观调控相结合的水资源开发利用和保护机制，建立公众参与和管理体制。

4. 制定可持续发展的水资源开发利用计划

根据岷江上游的自然条件、水资源分布现状、社会经济格局和人民生活水平、土地资源分布以及最低水位或基本需求线，划定流域的绝对缺水线和极端缺水线，它是在国家和地方公认的区域社会经济发展和生态环境保护的基础上，确定的流域人均年水资源拥有量目标。水资源开发的战略目标是控制水资源的开发，保证流域生态流量。

5. 推进管理能力的科学化提升

大力提高水利科技应用水平，加强人才队伍建设，提高管理能力和水行政执法能力。在水利科技应用方面，要根据水利建设的实际需要，重点引进适用的科技，通过有针对性地研究，探索适合本地区特点的水利技术，为构建一个安全的水资源供应体系、人类与水协调防洪减灾体系、水土保持可持续生态环境、水资源保护体系和全面节水型社会奠定基础(赵丁名等，2021)。

在水利应用技术方面，积极运用新方法、新技术、新工艺、新材料、新设备开展水利设施技术改造。利用信息技术推动水利现代化建设发展，推广节水环保新技术最新成果。提升水利工程的科技含量、技术水平和质量水平，提高水利工程的管理技术和效率，逐步提高水利工程管理的信息化水平。

在人才队伍建设方面，要培养水利行业高素质人才，建立开放、流动、竞争、合作、激励的新型人力资源管理体系。采取多种形式培养人才，吸引人才，挖掘人才潜力，发挥人才作用。要运用有效的组织措施和激励机制，稳定水利人才队伍，建立结构合理、能干高效的人才队伍。针对水利建设和管理中存在的紧迫问题，大力培养急需人才。根据水利建设和发展的需要，通过鼓励自学、与高校合作举办学历教育班等多种形式，逐步提高水利人才的文化学术水平，完善水利专业人才配置，提高水利管理人员本科以上学历比例。

6. 落实"红线"划定，严格效率管理

落实水资源开发利用红线，加强水资源配置管理；落实用水效率红线，严格效率管理；落实水功能区红线，限制污水排放，加强水资源保护。根据取水控制指标和工业用水定额，组织推进岷江上游取水申请审批，严格水资源论证和取水监督管理，逐步建立符合岷江流域实际的用水效率监测评估和监督管理制度，促进各行各业用水者采用新技术、新方法、新设备节水减排，遏制粗放用水。

12.1.2　具体实施层面的技术性措施

1. 建立流域监测信息系统，提供决策支持

建立和完善流域农业灌溉、人畜饮水、联合调度、地下水监测和生态恢复等信息系统，加强地下水和盐动态监测工作，包括地下水位动态监测和流域水环境动态监测等，利用信息系统和流域大数据预测流域水资源开发与地表水、地下水和盐动态变化规律，分析评价水资源利用对区域水环境的影响，为流域水资源可持续利用的规划管理、地表水和地下水资源的优化配置、生态环境保护和灌区土壤盐渍化预防提供分析决策支持平台。

流域监测信息系统应以现有水质监测站网为基础，尽可能与国家水文站点相结合，做到水质、水量并重，同时与各河流水功能区划相适应，重点是一级水功能区划中的开发利用区，以能准确反映水功能区水质状况为前提，兼顾监测的时效性、代表性及交通便利性。强化重要州县界、重要水源地和重要水域自动监测和远程监控，加强应对突发性水污染事故和应急监测能力建设，开展重点支流监督、巡查、检测，加强水资源保护管理决策支持系统建设。

2. 构建水务一体化管理平台，建立合理水价体系

建立合理的水价形成机制，按照补偿成本、合理收益、节约用水、公平负担的原则，既要保证流域生态安全所需，又要考虑用水户(居民)的承受能力，制定合理的水价。加快水价改革，一是要大力推行超定额累进加价制度，在定额内实行基本水价，超出部分分级实行不同水价；二是推广基本水价和计量水价相结合的"两部制"水价，促进水资源的合理分配和民生工程的可持续运行；三是因地制宜实行丰枯季节水价或季节浮动水价，促使用水户调整用水结构和作物种植结构；四是推行"终端水价"制，取消中间环节，直接收费到户。

深化水资源管理体制改革，建立符合自然规律和经济社会发展规律的水资源统一管理体制，为水资源综合规划的顺利实施提供体制保障。实行水资源统一管理、统一规划、统一调度，统一管理区域范围内地表水与地下水、水量与水质、城市与农村水资源，分配城乡和各行业用水权；统一规划涵盖水资源的开发、利用、治理、配置、节约、保护等各领域；统一调度统筹考虑水的多种功能，统筹蓄水、供水、用水、节水、排水、污水处理及中水回用等全过程，科学配置水资源。

12.1.3　资源投入层面的支持性措施

1. 财政金融的支持

利用现有专项资金支持生态经济发展，通过协调生态经济领域相关财政专项资金，采取参股方式，引导各类社会资金和金融资本设立经济发展投资引导基金。鼓励和引导天使投资、风险投资和私募股权投资，支持县域成长型生态经济企业发展。对符合条件的上市

生态经济企业融资活动(主板、中小板、创业板、新三板)、股权交易、发行公司集体债券和私募债券给予财政补贴。引导融资性担保机构加大对生态经济企业的贷款担保力度。创新贷款担保方式,探索特许经营、委托经营、知识产权、森林和土地承包经营、农作物收益等生态产业抵押质押、贷款方式。鼓励保险公司设立农业保险、环境保险、科技保险等专业保险品种。

2. 投资优惠的支持

贯彻落实各级政府鼓励和引导民间投资健康发展的政策措施,切实放宽市场准入,采取政府购买服务、减免税收、以奖代补、贷款贴息等多种方式,支持按照"非禁止准入"原则加快民间投资进入相关领域。启动生态基础设施、环境保护和治理等重大项目配套,优先给予补助。以政府为主体的污水、垃圾处理,城市污染点修复,农村环境治理,土壤重金属治理,公共节能,生态修复,生态保护等项目,由政府采购,以购买力评价、特许经营、委托经营、能源管理合同、环境绩效合同服务等形式引入第三方治理,鼓励和支持节能环保企业参与上述项目的政府采购竞争,对中标企业给予补贴。落实企业发行养老产业、战略性新兴产业、城市地下综合管理走廊专项债券的优惠政策。

3. 土地政策的支持

按照土地利用总体规划和集约、节约用地的原则,对列入生态经济名目的重大项目,优先保障新生态产业、生态基础设施、新生态工业园区等生态经济项目用地需求。生态经济企业在符合规划、不改变土地用途的前提下,利用现有工业用地,提高土地利用率和容积率的,不会提高地价。支持和鼓励农村建设用地通过参股、租赁、合伙等方式参与生态经济项目建设。完善农村集体经营性建设用地流转机制,开展城乡统一建设用地市场试点。积极稳妥推进土地整理与城乡建设用地增减挂钩试点。积极探索有利于保护农民承包地经营权和宅基地使用权的利益保护机制,通过实行社会保障用地、住房用地等方式鼓励和支持农民进城定居。

4. 环境政策的支持

实施污染物和碳排放总量控制制度,加快建立排放交易平台和碳交易平台。开展节能减排和碳排放交易试点,允许企业通过购买节能减排和碳排放来完成节能减排任务。提高资源环境效益低下企业的环境收费标准,对环境保护和节水项目按规定给予税费优惠。通过治理、限制或者关闭排污企业的方式,使污染物排放总量持续下降,环境质量达到标准。流域开发区内所有排污企业将依法限期关闭或迁出,确保污染物"零排放"。严格控制排放许可证的发放,区内企业不得向其他地区购买各类主要污染物排放指标。加强与国内外有关机构和组织的交流与合作,积极推动碳汇合作项目在清洁能源、植树造林和再造林等领域的应用和实施,力争尽快取得实质性进展。

12.2　合理配置及实施保障

12.2.1　合理配置

1. 可持续发展流域水资源合理配置的目标

1）生态效益目标

岷江上游流域水资源合理配置的首要问题是生态环境质量和可持续发展的问题。岷江上游流域通过合理配置水资源，直接或间接地将依赖水的生命或非生命物质的生活条件降至最低。维持和改善水赖以生存的母体——生态系统的良性循环（粟晓玲，2017），保持稳定有序的自然生产力、抗御外界干扰的能力和恢复能力是维持生态系统健康的关键。

水作为生态系统结构和功能的基本要素，参与并维持地球物质循环的正常运行，以增强生态系统的更新再生和可持续能力。水资源的生态价值是水对生态系统正常运行的满足程度和功能。岷江上游流域具体的生态目标包括：确保水质至少达到所需的最低标准，这些标准可能随时间和空间而变化；确保水资源利用对环境或其他生态系统没有负面的长期不可逆影响，或没有累积的负面影响；确保足够的水域来维持和恢复水生生态系统和泛滥平原的生态系统；保证对自然环境的干扰尽可能小，而且任何干扰必须能被环境容纳，而不会带来不利后果；保护水源区不受污染，杜绝不合理的土地利用；保护和恢复与水资源系统有关的土地和自然生态系统；保护相对独立的自然生态系统的相对独立性和多样性。

2）社会效益目标

社会效益目标是追求代内人之间与代际资源环境的公平分配，实现公平用水，包括代内公平和代际公平。

社区各部门都享有参与社区水资源综合配置策略制定的权利，且要充分认识到水资源共享不能仅仅通过成本效益分析解决。在配置过程中，由于水资源共享具有社会性质，社区各部门都应有参与水资源配置的权利，为保证社区水资源的有效配置，社区内部分主体的权益可能会受到一些损害。因此为了实现社区水资源的有效优化配置，社区每个主体需要做到一些取舍兼顾。水资源配置的社会效益目标实现需要遵循以下原则。

(1) 如果决策过程是公平的，社区居民应尽量接受对水资源的最终决策。

(2) 如果水是为环境而保存的，那么环境保护机构应为此支付费用，例如，灌溉和城市用水户付费标准一样。

(3) 在水配置面前，人人都应受到公平的对待。从已配水的用户那里取水是不公平的，需要水维持生存的用户应优先取水。

(4) 水的分配应尽量减少社区冲突。

(5) 环境是最原始的用水户，它应该比其他用水户有更高的优先权，所有用水户都应该优先。

(6) 特殊的水资源配置应实现环境健康，尽管它可能会降低商业利润，政府不必参与水资源配置。

(7)自然环境与人类享有相同的水资源权。

(8)如果新的水资源配置计划影响到人们的生计，他们应该得到补偿。

(9)政府在水资源管理中的角色应该是管理和监督的角色。

(10)没有关于如何共享水的一般规则，这取决于具体情况。

(11)没有时间等待确定的环境知识，现在需要采取行动。

(12)水的分配应该是社区重要的经济收入。

(13)水的配置应由专家独立配置。

2. 可持续发展流域水资源合理配置的原则

流域水资源利用的配置过程是流域水资源及其环境的分配和再分配过程。它既可对生态环境有良好的影响，促进流域经济社会的可持续发展，也可导致生态环境恶化，影响经济社会的正常发展。因此，水资源配置的质量不仅与生态经济系统的兴衰有关，而且与可持续发展战略支撑的力度有关。

水资源是一种稀缺资源，根据稀缺资源配置的经济原则，合理配置水资源应遵循有效、公平的原则。经济效益为给定资源条件下创造的财富量，而社会公平则反映在社会各部门中各个群体的总财富分配中。许多水资源配置机制试图体现这种效率与公平的高效结合。在水资源利用的高级阶段，还应当遵循有效性、公平性、可持续性、整体性和生态平衡原则，生态平衡是水资源合理配置的基本原则。在经济发展滞后、生态环境脆弱的干旱内陆河流地区，水资源同时具有自然、生态、社会和经济属性，其生态属性更加明显，往往起到控制作用。因此，生态水资源的合理配置也应遵循完整性和维持生态平衡的原则。

1)有效性原则

有效性原则是基于水资源作为社会经济行为中的商品属性确定的。从纯粹的经济角度来看，水资源在各部门的分配应理解为，水是一种有限的资源或资本，经济部门使用水资源(自然资本)并产生回报。资源的经济有效配置是指水资源利用的边际效益在水资源的各个部门中都是平等的，以获得最大的社会效益。换言之，某个部门增加单位资源，其效益应与其他部门相同；否则，社会将向高效部门分配更多的水，以实现更高的效益。因此，水资源的利用应作为经济部门成本核算的重要指标，其对社会、生态环境的保护作用(或效益)是整个社会健康发展的重要指标，才能使水资源达到物尽其用的目的。但是，这种效益不单纯追求经济效益，而是追求对环境影响较小的环境效益，以及能够提高社会人均收入的社会效益。它是一种综合利用效益，能够保证经济、环境和社会的协调发展。这就要求在水资源的合理配置中，建立相应的经济、环境和社会发展目标，并对目标之间的竞争力和协调发展程度进行考核，以真正满足有效性原则。

2)公平性原则

公平性原则体现了不同地区、不同社会阶层各方的利益。它要求不同区域协调发展，在同一区域内各社会阶层之间公平分配开发效益或资源利用效益。

水资源是一种社会公益性资源，水资源的分配应遵循公平性原则。公平是指注重经济成分之间的公平分配。以生活用水为例，水资源的公平分配要求所有家庭，无论是否有能力购买水，都有享受水服务的基本权利。为了实现这一目标，有必要提供政府补贴或免费供应，或根据收入采用不同的价格结构。因此，岷江上游流域水资源的公平分配不是完整的公平分配，而是指社会成员都享有使用流域水资源的平等权利。公平性原则的目标是合理配置资源，以满足不同地区和社会阶层各方的利益。它要求不同区域（上下游、左右岸）之间协调发展，以及发展效益或资源利用效益在同一区域内社会各阶层中公平分配。

3) 可持续性原则

可持续性原则可以理解为代际间的资源分配公平性原则，它研究全社会在一定时期内消耗的资源总量与后代能获得的资源量相比的合理性，反映水资源利用在开发利用阶段、保护管理阶段和管理阶段后，步入可持续利用阶段中最基本的原则。它要求近期与远期之间、当代与后代之间对水资源的利用需要以协调发展和公平利用为原则，而不是掠夺性地开发利用。也就是说，当代人对水资源的利用不应损害后代正常利用水资源的权利。

4) 整体性原则

自然生态系统有其自身的运动规律，人为地切割会破坏其功能。整体性不仅需要考虑现在，也需要考虑未来；不仅需要考虑本区域，还需要考虑其他相关区域。也就是说，应综合考虑时间和空间，统筹兼顾。整体性原则是实施可持续发展水资源战略的关键，如水资源的统一管理、节水型社会建设、流域综合管理等这些都是立足于整体，服务于区域或流域。生态水资源配置应以整个流域为单位，统筹考虑流域水资源、生态环境、经济社会发展的关系和相互作用，使水资源服务于整个流域的可持续发展。因此，基于整体性原则，水资源配置应考虑流域上、中、下游社会经济、生态环境和水土资源的协调。

5) 生态平衡原则

水是生态系统的重要组成部分，是由生物系统和非生物系统组成的复杂综合体。在这个综合体中，水作为物质和能量传输的载体，它不断地运行和分配物质和能量，逐步形成生态系统的动态结构。水在生态系统中的不断运动实现了生态系统与外部环境之间的物质循环和能量交换，为人类的经济活动提供了源源不断的物质和能量。保持物质循环与能量交换的平衡是水资源配置的必然要求。此外，生态系统还可以通过反馈来调节水循环，水资源的可持续利用必须保证向生态系统供水，以保持生态系统的平衡。开发利用水资源，实现社会经济可持续发展，应当在保持生态平衡的前提下进行，即要保证最小的生态需水要求，包括水量、水质及流量要求。

3. 可持续发展流域水资源合理配置的对策

1) 提高认识，树立可持续利用的观念

岷江上游流域水资源相对丰富，但也存在水资源分布不均的问题，部分地区仍处于缺水的困境。因此，要充分了解岷江上游流域缺水情况，树立节水意识，从多方面、多角度节约用水。一是充分利用国内外各种先进技术，进行中水、废水回用，利用雨水收集等方法开拓新的水源；二是开放水源和节流同时进行，大力推进节水，提高用水效率，减少不必要的消耗，走高效低耗用水之路；三是从工程水利、传统水利向现代水利和可持续发展水利转变，以水资源的可持续利用确保经济社会可持续发展。从可持续发展的角度理解水资源的可持续利用，不仅满足当代人的需要，而且不损害子孙后代的利益，做到人与自然和谐共存,以人为本。例如,面对松坪沟水土流失问题,应大力兴建水源涵养林、水土保持林和防风固沙林,增加植被,力争把本区水源涵养林和防护林建设纳入长江上游防护林建设工程体系,确保绿色工程的实现(许向宁和王兰生,2002)。

2)加强水资源管理制度建设

为了实现岷江上游流域水资源的优化配置,提高区域水资源承载力,实现水资源的可持续利用,需要采取各种工程和非工程措施。其中,加强水资源管理体系建设、完善水资源管理体系是非常重要的组成部分。

应加强水资源管理体系建设和城乡水资源的统一管理,理顺涉水部门之间的责任关系,强化水资源行政主管部门的统一管理和监督职能,统筹协调地表水、地下水和再生水,对城乡供水、水环境治理、防洪等进行统一规划,建立健全政策法规统一、规划协调衔接、职能分工明确的水资源管理体制。

3)完善岷江上游流域供水工程建设方案

岷江上游流域应严禁兴建耗水量大、原料和能源消耗高、废水排放量大、易造成大气污染的工业和企业,预防水体污染及生态环境恶化。同时,还需要编制和完善岷江上游流域供水工程建设方案,通过工程措施提升供水能力,保障社会经济发展需水要求,从政策、管理角度积极推进区域使用再生水源,提高区域水资源承载效果。

4. 积极推进节水型社会建设,增强节水意识

岷江上游流域有关部门要大力推进和鼓励水资源可持续利用的研究与开发。建立和完善相关机制体系,协调社会经济结构,实现社会系统、生态系统和水资源系统的良性发展,保证水资源的可持续利用,维护社会经济发展。在工业和其他部门,应实施能提高用水效率和节约用水的最佳生产模式;在每个灌区,应进行环境评价并实施排水规划,以采用最佳的管理模式和用水效率。同时,应随时对节水型社会的建设过程进行监测和评价,为下一步建设节水型社会指引方向。

12.2.2 实施保障

1. 政策法规保障

1)完善有关水务的地方性法规

岷江上游流域所在的各县人民政府应重视有关水务的立法工作,加快水务法制体系建设,大力推进水务综合执法,提高执法能力和水平,全面推进依法治水,使水务工作有章可循、有法可依。部分法规和规章公布实施多年,已不适应现在的情况,应及时修订或重新制定,进一步完善有关水务的地方性法规体系。

2)强化产业布局引导

岷江上游流域产业结构布局、城镇和工业发展规模应与水资源条件和供水基础设施条件相匹配。通过政策引导和多种激励措施,同时根据区域规划的发展变化,优选出有益于经济布局的水利工程和合理的开源节流方式,使产业布局与水资源配置格局相适应。对于河流纳污能力小的地区,应鼓励发展低能耗、低污染的工业和第三产业。对现有工业应进

行技术改造,提高水循环率,减少排污。按照水功能区总量控制的要求,提高污水处理水平,减少污染物排放量。

3) 完善节水治污政策

贯彻落实《中华人民共和国水法》《中华人民共和国水土保持法》《中华人民共和国水污染防治法》《四川省节约用水办法》,加快节水型社会的法律法规体系建设,将节水治污建设纳入法治化、规范化的轨道。根据全国节水型社会建设规划要求和省州社会经济发展规划,编制岷江上游流域节水型社会建设规范,明确规划目标,落实责任,推进节水型社会建设健康发展。

2. 水资源管理保障

1) 实行最严格的水资源管理制度

要按照 2011 年中央一号文件的精神,实行最严格的水资源管理制度,将水资源管理重点由供水管理转向需水管理,实行"以供定需"。要坚守水资源管理的"三条红线",即:建立用水总量控制制度,确立水资源开发利用控制红线;建立用水效率控制制度,确立用水效率控制红线;建立水功能区限制纳污制度,确立水功能区限制纳污红线;建立水资源管理的责任和考核制度,由岷江上游流域地区核心区 5 县人民政府对本行政区域水资源管理与保护负总责。

2) 保障水资源优化配置格局

制定水资源配置方案落实标准和相关配套制度,保障水资源优化配置方案的实施。推进市场化水资源配置体制建设,开源节流,实现用水公平前提下的高效配水。

建立现代水权管理制度,在明确水权基础上,实现用水权转换、水交易等市场化方案,最大限度地发挥水资源的效益。开展节水型社会建设,将节水与水资源保护相结合,提高水资源利用效率。实施多样化的水源建设工程,提高再生水利用规模,缓解水资源供需压力。

3) 加强水资源信息化建设

科学、完善的管理和高质量的规划需要基础数据作支撑,要及时监测流域水资源条件,全面动态掌握水资源承载状况。利用"3S"技术进行水情、雨情、汛旱、灾情、水量、水质、水环境、水工程等水利信息的采集、储存、整理、分析,加强和完善饮用水水源地、水功能区的水文、水质、排污口监测站网建设,为岷江上游流域水资源管理、监督和灾害评估提供技术支持。

3. 水资源安全保障

1) 持续推进节水型社会建设和全社会节水战略

岷江上游流域下一步不仅要突破农业、工业和生活等用水领域的技术约束,而且要制定"以奖代补"等措施,激励用水户充分发挥节约用水的主观能动性(刘健,2017)。

2) 做好流域来水预报与水库的运行优化调度

首先,建立流域分布式水文模型,结合高精度气象雷达资料,做好流域来水的实时预报;其次,利用实时入库水量监测结果,可以较好地实现水库汛限水位的动态调整和安全运行；最后，针对流域水库，充分协调暴雨"分散式防洪"与小雨"集中式蓄水"的关系，最大限度地开发利用地表水资源，保障防洪安全。

3) 重视水资源安全问题

水资源安全问题归根结底是由水文不确定性以及人类对水资源的不合理开发利用造成的，如何通过有效的管理制度、管理体制及实施机制来规范取水、用水行为，协调人水关系，实现自律式发展，是水资源安全保障的关键。根据新制度经济学观点，制度的实质是一种社会博弈规则，一种能够限制人类行为并将他们的努力导入特定渠道的正式规则和非正式规则，这些规则具有以下几个特点：①公平性，它至少是符合大多数人利益的；②效率性，没有效率的规则是不可能长期存在下去的；③对人的行为约束是基于人有机会主义行为倾向的一面。因此，规则具有激励功能和约束功能。在各种工程和非工程措施保障体系构建过程中，应注重法律、行政法规、政策文件、协议合同、技术规范、道德规范、习俗等多种规则的综合和协调运用，并在实践中逐步发展和完善。

由规则层、措施层、目标层构成的具有层次结构的岷江上游流域水资源安全保障体系框架如图 12-1 所示。

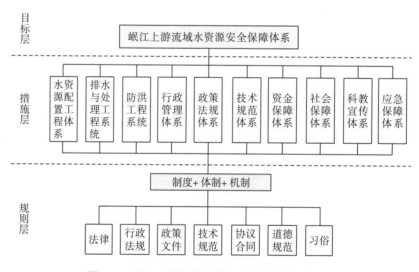

图 12-1　岷江上游流域水资源安全保障体系框架

12.2.3　对策措施及建议

1. 加强组织领导，落实目标责任

岷江上游流域地区核心区 5 县人民政府是流域水资源管理的责任主体，要把水资源优化配置和综合利用作为流域经济和社会发展的优先领域，切实加强组织领导，把水资源管理工作纳入政府工作目标。各级人民政府和有关部门要根据水资源利用和管理相关要求，分解细化最严格水资源管理制度下的阶段目标任务，明确责任分工，细化工作方案，合理配置资源，加快流域经济、社会、生态的协调发展。建立目标责任制和干部考核体系，层

层落实目标责任,实行严格的问责制。水务管理行政主管部门要认真履行职责,扎实做好水资源管理的各项任务。

2. 加强基础工作,全力推进项目建设

紧紧围绕目标任务,全力以赴推进水资源优化配置和综合利用的重点项目建设。完善水资源规划体系,做好水资源规划环境影响评价,充分发挥水资源工程效益。严格实行"四制",层层落实质量和安全责任制,加大监督检查力度,确保工程安全和生产安全。大力推进拟建项目前期工作,规范和简化审批程序,尽快开工一批,抓紧储备一批,增强发展后劲。特别要加强与州级、省级相关部门的沟通协调,积极争取国家在重点项目的审批立项和建设资金方面进一步加大支持力度。

3. 加大投入力度,优化投资结构

坚持两手发力,坚持政府作用和市场机制协同发力,强化政府在水资源基础性配置和综合利用方面的主导作用,充分发挥市场配置资源的决定性作用,改革创新体制机制,整合各种资源,集中各方力量,通过财政、金融、税收、价格等政策,推进水资源利用又好又快发展。要加强水资源工程资金使用管理,健全财务管理制度,确保资金安全,提高投资效益。

4. 健全协商机制,促进公众参与

加快水资源优化配置和综合利用既需要各级人民政府和有关部门的大力推动,也需要全社会的支持参与。发展改革、财政、税务、国土资源、环境保护、扶贫移民等相关部门要在州、县两级人民政府的统一领导下,按照职责分工,加强沟通协调,密切配合,形成合力,切实组织落实好水资源工程建设投资、项目审批、用地预审、环境影响评价、移民安置等相关工作,完成水资源利用规划确定的各项任务。要在全社会加大对水资源保护和利用的宣传力度,提高全社会的水忧患意识和水法治观念,为水资源充分利用和保护营造良好的社会环境。要不断推进政务公开,加强行政监督,提高水资源保护和利用工作的透明度和公众参与度,积极促进公众参与。

参考文献

阿坝藏族羌族自治州水务局, 2010. 阿坝州江河湖泊水功能区划. http://shwj.abazhou.gov.cn/.

阿坝藏族羌族自治州人民政府, 2018. 阿坝州土地利用总体规划. http://www.abazhou.gov.cn/.

阿坝藏族羌族自治州地方志编委, 2018. 阿坝州年鉴(2018卷)[M]. 北京: 新华出版社.

包维楷, 王春明, 2000. 岷江上游山地生态系统的退化机制[J]. 山地学报, 18(1): 57-62.

毕彦杰, 2017. 变化环境下流域/区域水循环特征与规律研究[D]. 北京: 中国水利水电科学研究院.

畅建霞, 高凡, 王义民, 2017. 变化环境下渭河流域水资源演变与配置[M]. 北京: 科学出版社.

车生泉, 张凯旋, 2013. 生态规划设计——原理、方法与应用[M]. 上海: 上海交通大学出版社.

陈传友, 王春元, 窦以松, 1999. 水资源与可持续发展[M]. 北京: 中国科学技术出版社.

陈红莉, 王煜, 杨立彬, 等, 2002. 西北地区经济发展及需水量预测[J]. 人民黄河, 24(6): 15-16, 37.

陈家琦, 王浩, 杨小柳, 2002. 水资源学[M]. 北京: 科学出版社.

陈晓璐, 林建海, 梁华玲, 2020. 基于水文学法的海南省三大江生态需水量研究[J]. 人民珠江, 41(2): 28-35.

程亮, 胡四一, 王宗志, 等, 2017. 最严格水资源管理制度模拟模型及其应用[M]. 北京: 科学出版社.

邓玲, 2001. 论沿长江交通干线推进西部大开发与长江上游经济带建设[J]. 贵州财经学院学报(6): 47-50.

邓玲, 2002. 长江上游经济带建设与推进西部大开发[J]. 社会科学研究(6): 40-44.

邓玲, 2003. 论长江上游生态屏障建设[J]. 贵州财经学院学报(1): 71-73.

邓玲, 2007. 国土开发与城镇建设[M]. 成都: 四川大学出版社.

邓玲, 何克东, 2019. 国家战略背景下长江上游生态屏障建设协调发展新机制探索[J]. 西南民族大学学报(人文社会科学版),
　40(7): 180-185.

邓绍云, 邱清华, 2011. 奎屯市水资源供需分析与节水指标体系构建[J]. 人民黄河, 33(9): 46-48.

丁国庆, 董少君, 2008. 水权的理论与实践[J]. 科技信息(学术版)(3): 381.

丁海容, 易成波, 黄晓红, 等, 2007. 岷江上游地区水资源现状与可持续利用对策[J]. 国土资源科技管理(3): 66-69.

窦明, 王艳艳, 李胚, 2014. 最严格水资源管理制度下的水权理论框架探析[J]. 中国人口·资源与环境, 24(12): 132-137.

杜俊平, 陈年来, 叶得明, 2017. 干旱区水资源与区域经济协调发展时空特征研究——以河西走廊为例[J]. 中国农业资源与区
　划, 38(4): 161-169.

傅长锋, 2012. 子牙河流域生态水资源规划模型研究及应用[D]. 天津: 天津大学.

傅长锋, 李发文, 2016. 生态水资源规划[M]. 北京: 中国水利水电出版社.

高翔, 鱼腾飞, 程慧波, 2010. 西陇海兰新经济带甘肃段水资源环境与城市化交互耦合时空变化[J]. 兰州大学学报(自然科学
　版), 46(5): 11-18.

龚勤林, 曹萍, 2014. 省区生态文明建设评价指标体系的构建与验证——以四川省为例[J]. 四川大学学报(哲学社会科学版)(3):
　109-115.

龚勤林, 郭帅新, 龚剑, 2017. 基于协同创新的城市职能识别与优化研究——以长江中游城市群为例[J]. 经济体制改革(3):
　38-45.

顾世祥, 崔远来, 等, 2013. 水资源系统规划模拟与优化配置[M]. 北京: 科学出版社.

管晔, 吕斌, 2017. 云南水资源与经济协调发展的市域间比较——从供给与禀赋差异的角度出发[J]. 城市发展研究, 24(8): 108-114.

郭泺, 2009. 民族地区生态规划——生态规划原理与方法[M]. 北京: 中国环境科学出版社.

郭生练, 许崇育, 陈华, 等, 2016. 流域水文水资源与社会耦合系统研究进展与评价[J]. 水资源研究, 5(1): 1-15.

国家统计局, 2017. 中国统计年鉴2017[EB/OL]. http://www.stats.gov.cn/tjsj/ndsj/2017/indexch.htm.

韩振华, 王芳, 韩宇平, 等, 2012. 闽江流域山溪性河流生态需水量计算[J]. 南水北调与水利科技, 10(6): 42-46.

郝伏勤, 黄锦辉, 高传德, 等, 2006. 黄河干流生态与环境需水量研究综述[J]. 水利水电技术, 37(2): 60-63.

何京涛, 2019. 辽河干流河道内生态需水量研究[J]. 水利技术监督, 27(4): 183-186, 231.

何伟, 宋国君, 2018. 河北省城市水资源利用绩效评估与需水量估算研究[J]. 环境科学学报, 38(7): 2909-2918.

何璇, 毛惠萍, 牛冬杰, 等, 2013. 生态规划及其相关概念演变和关系[J]. 应用生态学报(8): 16-20.

侯保灯, 肖伟华, 赵勇, 等, 2017. 水资源层次化需求计算与合理配置[M]. 北京: 中国水利水电出版社.

侯琨, 王秀茹, 杜晓晴, 等, 2015. 桂林市桃花江流域生态环境需水量分析[J]. 水土保持研究, 22(4): 338-341.

侯志俊, 段超宇, 周志轩, 等, 2017. 基于不同情境的节水型社会建设需水预测——以宁夏中卫市为例[J]. 宁夏农林科技, 58(2): 48-51.

胡彩虹, 吴泽宁, 尹君, 等, 2008. 基于主成分分析的需水量预测模型研究[J]. 数学的实践与认识, 38(21): 101-109.

黄光宇, 陈勇, 2002. 生态城市理论与规划设计方法[M]. 北京: 科学出版社.

黄勤, 2015. 论内河产业带的空间结构、空间演进及空间效应[J]. 四川大学学报(哲学社会科学版), (2): 132-139.

黄勤, 林鑫, 2015. 长江经济带建设的指标体系与发展类型测度[J]. 改革, (12): 33-41.

黄勤, 李心杨, 2017. 长江水道"黄金效益"的多重维度[J]. 改革(3): 78-87.

黄伟, 2017. 流域水资源配置利用管理方法与政策研究[M]. 北京: 科学出版社.

黄小雪, 姜跃良, 蒋红, 等, 2007. 流域梯级开发中河道生态环境需水量研究[J]. 水力发电学报, 26(3): 110-114.

姬宏, 田盛, 2009. 基于灰色关联度的干旱区社会经济子系统需水量协调研究[J]. 南水北调与水利科技, 7(3): 42-44.

贾绍凤, 周长青, 燕华云, 等, 2004. 西北地区水资源可利用量与承载能力估算[J]. 水科学进展(6): 801-807.

贾仰文, 王浩, 等, 2017. 流域水循环及其伴生过程综合模拟[M]. 2版. 北京: 科学出版社.

贾仰文, 安新代, 王浩, 等, 2017. 黄河水资源管理关键技术研究[M]. 北京: 科学出版社.

姜桂琴, 2013. 水资源与产业结构演进的互动关系[J]. 水电能源科学, 31(4): 139-142.

姜娜, 2005. 陕北黄土高原典型小流域生态需水研究[D]. 北京: 中国农业大学.

蒋白懿, 牟天蔚, 王玲萍, 2018. 灰色遗传神经网络模型对居民年需水量预测[J]. 给水排水, 44(1): 137-142.

蒋桂芹, 2013. 水资源与产业结构演进互动关系[J]. 水电能源科学, 31(4): 139-142.

焦胜, 曾光明, 曹麻茹, 等, 2006. 城市生态规划概论[M]. 北京: 化学工业出版社.

金睿, 2019. 汛期降雨对潮州饮用水源区中铁含量的影响[J]. 广东化工, 46(13): 49-50, 39.

靳晓莉, 王君勤, 高鹏, 2018. 中国灌区水资源优化配置研究进展[J]. 人民珠江, 39(3): 62-65.

寇宝峰, 丁林, 2020. 甘肃省地表水过度开发区经济社会发展及需水分析[J]. 甘肃水利水电技术, 56(1): 1-5, 23.

匡跃辉, 2001. 中国水资源与可持续发展[M]. 北京: 气象出版社.

雷社平, 解建仓, 陈林涛, 等, 2007. 区域产业用水系统研究[M]. 西安: 西北工业大学出版社.

李晖, 2020. 景观生态规划[M]. 北京: 中国林业出版社.

李剑锋, 张强, 陈晓宏, 等, 2011. 考虑水文变异的黄河干流河道内生态需水研究[J]. 地理学报, 66(1): 99-110.

李杰友, 吾买尔江·吾布力, 周海鹰, 等, 2013. 干旱区水资源优化配置与应急调配关键技术[M]. 南京: 东南大学出版社.

李锦, 2003. 金沙江流域的生态变迁[J]. 中华文化论坛(1): 40-43.

李锦, 2017. 长江经济带统筹协调机制与民族地区政策响应[J]. 贵州民族研究, 38(5): 13-18.

李景宜, 李谢辉, 傅志军, 等, 2008. 流域生态风险评价与洪水资源化——以陕西省渭河流域为例[M]. 北京: 北京师范大学出版社.

李丽娟, 郑红星, 2003. 海滦河流域河流系统生态环境需水量计算[J]. 海河水利(1): 6-8, 70.

李丽琴, 王志璋, 贺华翔, 等, 2019. 基于生态水文阈值调控的内陆干旱区水资源多维均衡配置研究[J]. 水利学报(3): 377-387.

李清杰, 刘争胜, 肖素君, 等, 2011. 黄河流域国民经济需水量预测[J]. 人民黄河, 33(11): 61-63.

李少华, 2014. 面向不确定性的水资源安全评价和预警理论及方法[M]. 北京: 中国水利水电出版社.

李树平, 周艳春, 赵子威, 等, 2021. 基于综合权重因子的城市时需水量预测[J]. 同济大学学报(自然科学版), 49(7): 1023-1028.

梁淑琪, 王文圣, 黄伟军, 2020. 1937—2018年岷江上游径流演变特征分析[J]. 西北大学学报(自然科学版), 50(5): 761-770.

廖重斌, 1999. 多目标灰色局势决策方法在环境教育定量考核评价中的应用[J]. 中国工业经济(5): 28-31, 60.

林润仙, 2009. 大同市南郊区经济社会发展及需水预测[J]. 科技情报开发与经济, 19(25): 152-153.

刘滨谊, 1999. 现代景观规划设计[M]. 南京: 东南大学出版社.

刘昌明, 门宝辉, 赵长森, 2020. 生态水文学: 生态需水及其与流速因素的相互作用[J]. 水科学进展, 31(5): 765-774.

刘登伟, 2016. 京津冀都市(规划)圈水资源供需分析及其承载力研究[M]. 郑州: 黄河水利出版社.

刘贵利, 2002. 城市生态规划理论与方法[M]. 南京: 东南大学出版社.

刘会晓, 彭博, 姬星星, 2019. 小城镇生态规划与可持续发展[M]. 北京: 中国水利水电出版社.

刘健, 2017. 胶东半岛水资源安全保障对策研究[J]. 山东水利, 10: 23-24, 27.

刘俊, 2017. 多重不确定性条件下流域水质管理与水资源配置[D]. 北京: 华北电力大学.

刘康, 2011. 生态规划: 理论、方法与应用[M]. 2版. 北京: 化学工业出版社.

刘凌, 董增川, 崔广柏, 等, 2002. 内陆河流生态环境需水量定量研究[J]. 湖泊科学, 14(1): 25-31.

刘千里, 何建社, 张利, 等, 2019. 干旱河谷10种生态恢复树种的光合和水分生理特征研究[J]. 四川林业科技, 40(1): 20-24, 47.

刘玉龙, 2007. 生态补偿与流域生态共建共享[M]. 北京: 中国水利水电出版社.

骆天庆, 王敏, 戴代新, 2008. 现代生态规划设计的基本理论与方法[M]. 北京: 中国建筑工业出版社.

吕良华, 姜蓓蕾, 耿雷华, 等, 2021. 不同发展情景下雄安新区用水强度及需水量预测[J]. 水利水运工程学报(1): 18-25.

马兴华, 周买春, 万东辉, 等, 2016. 基于最严格水资源管理的水资源优化配置研究[J]. 人民珠江, 37(3): 1-5.

蒙作主, 2019. 区域森林变化与水源涵养功能估算及系统实现[D]. 成都: 电子科技大学.

欧阳志云, 王如松, 2005. 区域生态规划理论与方法[M]. 北京: 化学工业出版社.

彭立, 苏春江, 徐云, 等, 2007. 岷江上游生态环境现状、存在问题及治理对策[J]. 江西农业大学学报(社会科学版)(1): 80-84.

戚琳琳, 张博, 赖乔枫, 等, 2018. 基于MIKE BASIN的水资源合理配置方案对比分析——以长吉经济圈为例[J]. 水利水电技术, 49(5): 16-24.

钱纳里, 鲁宾逊, 赛尔奎因, 1989. 工业化和经济增长的比较研究[M]. 吴奇, 王松宝, 等译, 上海: 三联书店.

钱正英, 2001a. 水资源战略研究综合报告及各项专题报告[M]. 北京: 中国水利水电出版社.

钱正英, 2001b. 中国可持续发展水资源战略研究报告集第1卷: 中国可持续发展水资源战略研究[M]. 北京: 中国水利水电出版社.

秦长海, 孙素艳, 张小娟, 2008. 宁夏社会经济及生态需水量预测[J]. 水资源保护, 24(5): 24-29.

冉杨涛, 吕伟娅, 袁校柠, 2021. 水资源综合利用专项规划评估体系构建及应用[J]. 深圳大学学报(理工版), 38(4): 358-366.

沈清基, 1998. 城市生态与城市环境[M]. 上海: 同济大学出版社.

沈珍瑶, 祝莹欣, 贾超, 等, 2015. 基于动态模拟递推算法和向量模法的水环境承载力计算方法[J]. 水资源保护, 31(6): 32-39.

石铁矛, 2018. 城市生态规划方法与应用[M]. 北京: 中国建筑工业出版社.

石伟, 王光谦, 2002. 黄河下游生态需水量及其估算[J]. 地理学报, 57(5): 595-602.

四川省水利厅, 2015 年四川省水资源公报[EB/OL]. https://slt.sc.gov.cn/scsslt/szyzwgk/2019/4/16/e67685e7d0154d66862bde9baec
1c71c.shtml.

四川省水利厅, 2016 年四川省水资源公报[EB/OL]. https://slt.sc.gov.cn/scsslt/szyzwgk/2019/4/16/e67685e7d0154d66862bde9baec
1c71c.shtml.

四川省水利厅, 2017 年四川省水资源公报[EB/OL]. https://slt.sc.gov.cn/scsslt/qsxkgg/2018/12/21/53da97eeff9b4553b5d365f574f5
01b3.shtml.

四川省水利厅, 2018 年四川省水资源公报[EB/OL]. https://slt.sc.gov.cn/scsslt/szyzwgk/2019/10/18/a32478ef317a40848f338cb27b
70f3f0.shtml.

四川省水利厅, 2019 年四川省水资源公报[EB/OL]. https://slt.sc.gov.cn/scsslt/zcje/2020/8/31/494e7a3a8b2644f69c16587f7fda8f3
f.shtml.

四川省水利厅, 2020 年四川省水资源公报[EB/OL]. https://slt.sc.gov.cn/scsslt/szyzwgk/2021/8/12/5c5413accfdf49b0bb0e8170a0e6
e647.shtml.

四川省水利厅, 2021 年四川省水资源公报[EB/OL]. https://slt.sc.gov.cn/scsslt/szyzwgk/2022/8/19/9407d683da0d496d9f23b90a31d
ae4c7.shtml.

四川省水利厅, 2022 年四川省水资源公报[EB/OL]. https://slt.sc.gov.cn/scsslt/szyzwgk/2023/8/21/115deb26f4ec4274a4782711571
91033.shtml.

四川省水利厅, 2023 年四川省水资源公报[EB/OL]. https://slt.sc.gov.cn/scsslt/zcfgjdlist/2023/8/21/e8202f9583104c4da26302db7a
662e6d.shtml.

四川省统计局, 2019. 四川省统计年鉴(2018)[M]. 北京: 中国统计出版社.

四川省统计局, 2020. 四川省统计年鉴(2019)[M]. 北京: 中国统计出版社.

宋超山, 马俊杰, 杨风, 等, 2010. 城市化与资源环境系统耦合研究——以西安市为例[J]. 干旱区资源与环境, 24(5): 85-90.

宋孝玉, 刘雨, 覃琳, 等, 2021. 内蒙古鄂托克旗天然草地植被生态需水量研究[J]. 农业工程学报, 37(3): 107-115.

宋长权, 2016. 鞍山市经济社会发展分析及需水预测分析[J]. 水利技术监督, 24(4): 46-47, 120.

粟晓玲, 2007. 石羊河流域面向生态的水资源合理配置理论与模型研究[D]. 咸阳: 西北农林科技大学.

孙秀玲, 2013. 水资源评价与管理[M]. 北京: 中国环境出版社.

唐德善, 1997. 水资源系统规划及经济利用研究[D]. 南京: 河海大学.

万晨, 2017. 安徽省水资源——社会经济系统的协同度研究[D]. 合肥: 合肥工业大学.

汪党献, 王浩, 倪红珍, 等, 2011. 水资源与环境经济协调发展模型及其应用研究[M]. 北京: 中国水利水电出版社.

王芳, 梁瑞驹, 杨小柳, 等, 2002. 中国西北地区生态需水研究(1)——干旱半干旱地区生态需水理论分析[J]. 自然资源学报,
17(1): 1-8.

王光军, 项文化, 2015. 城乡生态规划学[M]. 北京: 中国林业出版社.

王海林, 刘国军, 马丽, 等, 2010. 大汶河流域复合水系统评价指标体系的构建[J]. 节水灌溉 (7): 53-56.

王浩, 2010. 中国水资源问题与可持续发展战略研究[M]. 北京: 中国电力出版社.

王浩, 贾仰文, 2016. 变化中的流域 "自然-社会" 二元水循环理论与研究方法[J]. 水利学报, 47(10): 1219-1226.

王浩, 贾仰文, 王建华, 等, 2010. 黄河流域水资源及其演变规律研究[M]. 北京: 科学出版社.

王慧敏, 佟金萍, 2011. 水资源适应性配置系统方法及应用[M]. 北京: 科学出版社.

王家骥, 等, 2016. 区域生态规划理论、方法与实践[M]. 长春: 吉林出版集团股份有限公司.

王军, 李正, 白中科, 2011a. 喀斯特地区土地整理景观生态规划与设计——以贵州荔波土地整理项目为例[J]. 地理科学进展, 30(7): 906-911.

王军, 李正, 白中科, 等, 2011b. 喀斯特地区土地利用变化研究——以贵州省为例[J]. 地域研究与开发(2): 143-148.

王丽霞, 任志远, 孔金玲, 2011. 基于 BP 模型的延河流域社会经济需水预测[J]. 干旱区资源与环境, 25(4): 106-110.

王琳, 王丽, 2020. 村镇水生态规划方法与策略[M]. 北京: 科学出版社.

王渺林, 郭丽娟, 高攀宇, 2006. 岷江流域水资源安全及适应对策[J]. 重庆交通学院学报(4): 11-15.

王沛芳, 王超, 李智勇, 2004. 山区城市河流生态环境需水量计算模式及其应用[J]. 河海大学学报(自然科学版), 32(5): 500-503.

王让会, 2012. 生态规划导论[M]. 北京: 气象出版社.

王如松, 1988. 高效·和谐——城市生态调控原则与方法[M]. 长沙: 湖南教育出版社.

王如松, 周启星, 胡聃, 2000. 城市生态调控方法[M]. 北京: 气象出版社.

王文国, 2015. 邯郸市西部山区水资源规划配置研究[D]. 邯郸: 河北工程大学.

王西琴, 2007. 河流生态需水理论、方法与应用[M]. 北京: 中国水利水电出版社.

王西琴, 刘昌明, 杨志峰, 2001. 河道最小环境需水量确定方法及其应用研究(Ⅰ)——理论[J]. 环境科学学报, (5): 544-547.

王西琴, 刘昌明, 张远, 2006. 基于二元水循环的河流生态需水水量与水质综合评价方法——以辽河流域为例[J]. 地理学报, (11): 1132-1140.

王祥荣, 2000. 生态与环境: 城市发展与生态环境调控新论[M]. 南京: 东南大学出版社.

王友贞, 施国庆, 王德胜, 2005. 区域水资源承载力评价指标体系的研究[J]. 自然资源学报(4): 597-604.

王云才, 彭震伟, 2019. 景观与区域生态规划方法[M]. 北京: 中国建筑工业出版社.

王展鹏, 柯樱海, 潘云, 等, 2021. 北京平原造林工程对生态需水量的影响研究[J]. 地理与地理信息科学, 37(5): 71-78.

魏传江, 韩俊山, 韩素华, 2012. 流域/区域水资源全要素优化配置关键技术及示范[M]. 北京: 中国水利水电出版社.

翁文斌, 蔡喜明, 史慧斌, 等, 1995. 宏观经济水资源规划多目标决策分析方法研究[J]. 水利规划与设计(1): 10-15.

吴人坚, 2000. 生态城市建设的原理和途径——兼析上海市的现状和发展[M]. 上海: 复旦大学出版社.

吴珊, 宋凌硕, 侯本伟, 等, 2019. 基于 Bayesian-LSSVM 和残差修正的用户短期需水量预测[J]. 哈尔滨工业大学学报, 51(8): 88-96.

吴书悦, 杨阳, 黄显峰, 2014. 水资源管理 "三条红线" 控制指标体系研究[J]. 水资源保护, 30(5): 81-85, 90.

吴业鹏, 袁汝华, 刘诗园, 2017. 丝绸之路经济带水资源环境与经济社会协调分析[J]. 生态经济, 33(9): 152-159.

谢蕾, 2018. 新疆白杨河流域水资源可利用量与生态需水分析[J]. 水利规划与设计(10): 81-86.

徐慧慧, 2017. 水资源利用区域差异分析及综合管理模型研究[D]. 南京: 江苏大学.

徐良芳, 2002. 区域水资源可持续利用评价指标体系及其评价方法研究——以陕西省关中地区为例[D]. 咸阳: 西北农林科技大学.

徐留兴, 2006. 岷江上游径流变化特性分析及其预测研究[D]. 成都: 四川大学.

许崇正, 张显球, 刘雪梅, 等, 2016. 水资源保护与经济协调发展——淮河沿海支流通榆河[M]. 北京: 科学出版社.

许敬梅, 2006. 岷江上游地区水资源承载力研究[D]. 成都: 四川大学.

许向宁, 王兰生, 2002. 岷江上游松坪沟地震山地灾害与生态环境保护[J]. 中国地质灾害与防治学报, 13(2): 31-35.

薛超, 2020. 辽宁省水资源评价指标体系研究[J]. 黑龙江水利科技, 48(2): 1-4.

闫水玉, 2011. 城市生态规划的理论、方法与实践[M]. 重庆: 重庆出版社.

严登华, 何岩, 邓伟, 等, 2001. 东辽河流域河流系统生态需水研究[J]. 水土保持学报(1): 46-49.

严力蛟, 章戈, 王宏燕, 2015. 生态规划学[M]. 北京: 中国环境出版社.

杨朝晖, 褚俊英, 陈宁, 等, 2016. 国外典型流域水资源综合管理的经验与启示[J]. 水资源保护, 32(3): 33-37, 110.

杨芳, 徐建锋, 廖嘉玲, 等, 2020. 四川省河流岸线开发利用与保护区划研究——以沱江流域为例[J]. 人民长江, 51(8): 8-12, 18.

杨阳, 胡爱萍, 2018. 庆阳市水资源现状及供需平衡分析[J]. 灌溉排水学报(S1): 100-103.

杨沼, 2014. 试论岷江上游水资源的保护和利用[J]. 四川水利, 35(1): 41-42.

杨志峰, 徐琳瑜, 2008. 城市生态规划学[M]. 北京: 北京师范大学出版社.

阳维宗, 董李勤, 张昆, 2019. 气候变化对湿地生态需水影响研究进展[J]. 西南林业大学学报, 39(4): 174-180.

叶朝俐, 2007. 西安市水务管理信息系统的研究与开发[D]. 西安: 西安理工大学.

尹风雨, 龚波, 王颖, 2016. 水资源环境与城镇化发展耦合机制研究[J]. 求索(1): 84-88.

游进军, 王浩, 牛存稳, 等, 2016. 多维调控模式下的水资源高效利用概念解析[J]. 华北水利水电大学学报(自然科学版), 37(6): 1-6.

余灏哲, 李丽娟, 李九一, 2020. 基于量-质-域-流的京津冀水资源承载力综合评价[J]. 资源科学, 42(2): 358-371.

余学芳, 2019. 河湖生态系统治理[M]. 北京: 中国水利水电出版社.

俞孔坚, 李迪华, 刘海龙, 等, 2005. "反规划"途径[M]. 北京: 中国建筑工业出版社.

曾维华, 薛英岚, 贾紫牧, 2017. 水环境承载力评价技术方法体系建设与实证研究[J]. 环境保护, 45(24): 17-24.

翟红娟, 王培, 2018. 岷江流域水资源开发与生态环境保护[J]. 环境保护, 46(9): 22-26.

张爱民, 张妞, 周和平, 2020. 干旱与极端干旱白杨河流域生态需水分析[J]. 水资源开发与管理(5): 35-43, 30.

张超, 朱元彩, 韩旭, 2021. GIS技术在水文水资源分析管理中的评价指标体系建立与应用[J]. 电子测试(18): 69-70, 53.

张代青, 2007. 河流正常流量的确定方法研究[D]. 郑州: 郑州大学.

张冬贵, 2012. 岷江上游水源区地质背景与水资源可持续利用研究[D]. 成都: 成都理工大学.

张洪军, 2007. 生态规划——尺度、空间布局与可持续发展[M]. 北京: 化学工业出版社.

张亮, 何新林, 赵琪, 2009. 基于二元水循环的河流生态需水综合评价[M]. 武汉大学学报(工学版), 42(5): 4-8.

张胜武, 石培基, 王祖静, 2012. 干旱区内陆河流域城镇化与水资源环境系统耦合分析——以石羊河流域为例[J]. 经济地理, 32(8): 142-148.

张羽威, 张昊哲, 2018. 新疆经济发展与水资源利用空间关联性研究[J]. 哈尔滨工业大学学报(社会科学版), 20(2): 129-134.

张远, 杨志峰, 2002. 黄淮海地区林地最小生态需水量研究[J]. 水土保持学报, 16(2): 72-75.

张自荣, 张登仕, 宋怀宝, 1998. 论岷江上游水资源开发[J]. 四川水力发电(4): 10-16.

章家恩, 2009. 生态规划学[M]. 北京: 化学工业出版社.

章家恩, 2012. 生态规划的方法与案例[M]. 北京: 中国环境科学出版社.

赵兵, 2015a. 岷江上游干旱河谷区生态屏障体系建设研究[J]. 民族学刊, 6(3): 68-71, 123-124.

赵兵, 2015b. 岷江上游干旱河谷区水资源生态足迹应用研究[J]. 西南民族大学学报(自然科学版), 41(2): 245-250, 128.

赵兵, 2015c. 岷江上游流域水资源承载能力演变分析[J]. 贵州社会科学(9): 138-143.

赵兵, 2016. 基于产业视角的流域生态规划研究[M]. 北京: 科学出版社.

赵兵, 2018. 岷江上游生态足迹分析与人居环境优化研究[M]. 北京: 科学出版社.

赵丁名, 赵雨, 董延安, 等, 2021. 基于 DEM 的黄河流域高原无人区河流管理范围划定[J]. 人民黄河, 43(S2): 285-288.

赵建世, 杨元月, 2015. 黄淮海流域水资源配置模型研究[M]. 北京: 科学出版社.

郑卫民, 吕文明, 高志强, 等, 2005. 城市生态规划导论[M]. 长沙: 湖南科学技术出版社.

中国科学院可持续发展战略组, 2012. 中国可持续发展战略报告[M]. 北京: 科学出版社.

周奉, 苏维词, 郑群威, 2018. 基于 DPSIR 模型的黔中地区水资源脆弱性评价研究[J]. 节水灌溉(8): 59-65.

周复恭, 黄运成, 1989. 应用线性回归分析[M]. 北京: 中国人民大学出版社.

周婷, 万超, 张宗亮, 等, 2021. 永定河流域河道功能定位与区划研究[J]. 中国水利(23): 69-71.

周孝德, 吴巍, 2015. 资源性缺水地区水环境承载力研究及应用[M]. 北京: 科学出版社.

朱永彬, 史雅娟, 2018. 中国主要城市水资源价值评价与定价研究[J]. 资源科学, 40(5): 1040-1050.

左其亭, 胡德胜, 窦明, 等, 2014. 基于人水和谐理念的最严格水资源管理制度研究框架及核心体系[J]. 资源科学, 36(5): 906-912.

Asit K B, 2011. 水资源环境规划、管理与开发[M](全 3 册). 赵先富. 北京: 中国水利水电出版社.

Eichel C K, Staatz J M, 2012. Agricultural development in the third world[M]. Baltimore: The Johns Hopkins University Press.

Gleick P H. 1994. Water and energy[J]. Annual Review of Energy and the Environment, 19(12): 93.

Gray M J, Kaminski R M, Weerakkody G, et al., 1999. Aquatic invertebrate and plant responses following mechanical manipulations of moist-soil habitat[J]. Wildlife Society Bulletin, 27(3): 47-56.

Leroy T D, 1976. Instream flow regimens for fish, wildlife, recreation and related environmental resources[J]. Fisheries, 1(4): 6-10.

Li Z, Chen Y N, Shen Y J, et al., 2013. Analysis of changing pan evaporation in the arid region of Northwest China[J]. Water Resources Research, 49(4): 2205-2212.

Martin W J, Thackston E L. 1980. A retrospective benefit-cost analysis of water resource projects in the Cumberland River basin1[J]. Journal of the American Water Resources Association, 16(6): 1006-1011.

Mora C, Frazier A G, Longman R J, et al., 2013. The projected timing of climate departure from recent variability[J]. Nature, 502(7470): 183-187.

Rashin A A, Iofin M, Honig B, 1986. Internal cavities and buried waters in globular proteins[J]. Biochemistry, 25(12): 3619-3625.

后　记

　　为深入贯彻习近平生态文明思想，落实习近平总书记在全面推动长江经济带发展座谈会上的重要讲话精神，切实做到"以水定城、以水定地、以水定人、以水定产"，以水资源刚性约束倒逼发展方式的转变。优化国土空间格局，结合水资源禀赋，合理确定长江流域经济、产业布局和城市发展规模，加大对重大生产力布局的统筹力度。强化城镇开发边界管控，城市群和都市圈要集约高效发展，不能盲目扩张。在此背景下，随着人民生活的改善和人口的集聚，岷江上游流域生态和资源环境承载压力不断加大，如何在贯彻新发展理念、构建新发展格局、推动高质量发展中统筹岷江上游地区人口、资源和环境的协调发展，这是摆在广大城乡规划理论工作者和地方管理部门面前的一个重要问题。本书是作者主持四川省科技厅软科学研究计划项目的相关成果总结。在本书编写过程中，参考了大量有关中外文献和部分现有研究成果，且已在书文中标明，在此向这些文献的作者致以诚挚的谢意。

　　衷心感谢我的硕士和博士导师——四川大学长江上游生态文明建设学派首席专家、区域规划研究所所长、经济学院邓玲先生在百忙之中为本书作序，邓玲先生带领的研究团队持续开拓绿色创新经济学科研究和坚持长江上游绿色生态屏障建设的应用实践，一直热情关心和支持西南民族大学建筑类、设计类专业的办学历程和学科建设。同时，感谢四川省科技厅和西南民族大学的各位领导和专家的关心和支持，感谢西南民族大学人文社会科学处、科学技术处、研究生院、教务处等部门的领导和同仁，感谢他们为本书的出版给予的帮助和指导。感谢四川省住房和城乡建设厅、四川省水利厅、阿坝州人民政府、岷江上游流域5县政府等单位的领导和同志们对本项研究成果的热忱帮助和大力支持。感谢硕士弟子侯鑫磊、丁冠群、张力元、申思、尚珈羽、蒲玲、宋春蕾、张萌、马文琼、刘璨源、刘彩霞、潘红宇、杜江飞、迪丽胡玛尔、史晶荣、李星泰等同学在各阶段为本书出版所做的努力。特别是中国少数民族经济专业的侯鑫磊博士研究生在本书出版前的多次校核，修改和补充。感谢科学出版社郑述方编辑的热情支持。

　　本书为本人主持的西南民族大学中华民族共同体研究院研究团队培育项目《共同富裕背景下西南民族地区乡村治理现代化研究》和西南民族大学中央高校基本科研业务费专项资金项目《国土空间规划背景下土地制度改革与乡村治理耦合互动研究》的阶段性成果。

　　本书为四川大学长江上游生态文明建设学派系列学术成果之一，是西南民族大学建筑学院"城乡规划学"一级学科学术型硕士点和"民族地区城镇规划与管理"二级学科学术型硕士点学科建设项目的阶段性成果。

赵兵
2023 年 11 月